北京市高等教育精品教材立项项目

Java Web 项目开发教程

周国烛 杨洪雪 主编

Java Web Project Development Tutorial

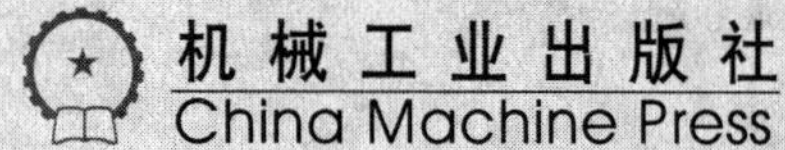
机械工业出版社
China Machine Press

本书详细介绍了 Java Web 应用开发的基础知识和基本技能，主要内容包括搭建 Java Web 项目开发环境、使用 JSP 的脚本与指令、连接访问“网上书店”数据库、使用 JSP 处理客户端请求、使用 Servlet 实现购物功能、使用 JavaBean 完成业务和表现分离、升级“网上书店”系统为 MVC 设计模式、“网上书店”的安全与部署等。

本书以 Java 语言作为开发工具，完整再现了基于 MVC 设计模式的网络应用系统的基本开发流程。全书以一个完整的电子商城系统作为案例，按照统一软件开发方法，多次迭代完成整个系统的开发，循序渐进地培养学生的 JSP 语言编码能力和 Java Web 应用项目的开发能力。

本书可作为计算机软件、网络及其他计算机相关专业的教材，也可作为社会上 Java Web 编程培训班教材和广大编程人员实用的自学指导书。

图书在版编目（CIP）数据

Java Web 项目开发教程/周国烛，杨洪雪主编. —北京：机械工业出版社，2012.8

（北京市高等教育精品教材立项项目）

ISBN 978-7-111-38378-9

Ⅰ.J…　Ⅱ.①周…　②杨…　Ⅲ.JAVA 语言－程序设计－高等职业教育－教材　Ⅳ.TP312

中国版本图书馆 CIP 数据核字（2012）第 099455 号

机械工业出版社（北京市西城区百万庄大街 22 号　邮政编码　100037）

责任编辑：刘　莎

北京市荣盛彩色印刷有限公司印刷

2012 年 8 月第 1 版第 1 次印刷

185mm × 260mm · 11.25 印张

标准书号：ISBN 978-7-111-38378-9

定价：25.00 元

凡购本书，如有缺页、倒页、脱页，由本社发行部调换

客服热线：（010）88378991；88361066

购书热线：（010）68326294；88379649；68995259

投稿热线：（010）88379604

读者信箱：hzjsj@hzbook.com

前　言

当今 Web 应用已经得到了快速发展和普及，对 Web 开发技术的掌握几乎是每一位从业者和即将从事本行业 IT 人员的必备技能。

本书是作者在总结多年网络应用开发实践、教学经验和课程改革经验基础上编写的。书中以 JSP 语言作为开发工具，完整再现了基于 MVC 设计模式的网络应用系统的基本开发流程。全书以一个完整的电子商城作为案例，按照统一软件开发方法，多次迭代完成整个系统的开发，循序渐进地培养学生的 JSP 语言编码能力和 Web 应用项目的开发能力。

全书共分为 8 章，详细介绍了 Java Web 应用开发的基础知识和基本技能。第 1 章介绍 Java Web 开发模式以及 JDK、Tomcat、MyEclipse 等开发环境的安装和配置；第 2 章主要讲解 JSP 脚本元素、JSP 指令和 JSP 动作标签；第 3 章重点讲解 JSP 数据库编程的基础知识和 JDBC 应用，主要包括 JDBC 概念，使用 JDBC 连接数据库的方法，数据库记录的查询、插入、删除、修改等相关操作，运用 JSP 数据库编程技术连接“网上书店”的数据库，实现主页的用户注册功能和特价图书、新品图书的显示功能，运用 PreparedStatement 对象有效防止 SQL 注入；第 4 章重点讲解使用 JSP 内置对象处理客户端请求的方法；第 5 章重点讲解 Servlet 的生命周期与对应的操作方法、内置对象在 Servlet 中的应用、过滤器和监视器的基本原理及应用；第 6 章讲解 JavaBean 的开发方法、JSP 对 JavaBean 的各种支持；第 7 章讲解 MVC 设计模式的实现方法；第 8 章介绍“网上书店”的安全与部署。通过本书的学习，读者可以完成一个完整的 Java Web 应用系统的开发，掌握典型的软件项目开发流程，并提高构建面向对象网络应用程序的职业能力。

本书由北京电子科技职业学院周国烛、杨洪雪老师主编，黄利明、杨永利老师参编。其他参与资料整理和程序调试工作的有杜辉、陈涵、赵凯、龙漪老师，在此对大家的辛勤工作表示衷心的感谢！

本书由“北京市职业院校教师素质提高工程资助项目”资助出版。由于编者经验有限，书中难免会有疏漏和不足之处，敬请读者和同行们予以批评指正。在使用本书过程中有任何问题，均可通过 E-mail 与编者联系，E-mail 地址：yhxzxb@sohu.com。

编　者

2012 年 6 月

教学建议

课程英文名称：Web Application Development

课程类别：专业课

适用专业：计算机网络技术、软件技术

总学时：96 学时（理论讲授学时：40 学时。作业训练及辅导学时：50 学时。其他教学活动学时：6 学时）

学分：6 学分

本课程的性质、目的和任务：

本课程是计算机网络技术专业的一门综合性、实践性很强的专业核心课程，面向网络应用开发职业岗位群，对程序员、测试人员、网站开发师、软件工程师等岗位所需要的职业技能和职业素养起到关键支撑和推进作用，培养学生运用软件工程方法和 Java 开发技术从事网络应用系统的分析、设计、开发、测试和维护等的职业能力，前导课程是“Java 开发入门与项目实战”，后继课程是“网络应用开发与 B/S 系统设计”。

通过本课程的教学，带领学生实现一个完整的网络应用系统设计和开发，使学生掌握一种标准的软件项目开发方法，培养学生运用 UML 建模技术和 Java 技术开发网络应用系统的综合能力，具备撰写规范软件文档的能力，使学生可以快速进入网络应用开发领域，在企业中从事基于 Java 网络应用开发和其他面向对象应用程序开发工作。

<table>
<tr><th rowspan="2">教学内容</th><th rowspan="2">学习要点及教学要求参考</th><th colspan="4">学时分配</th></tr>
<tr><th>理论教学</th><th>作业训练及辅导</th><th>其他教学活动</th><th>合计</th></tr>
<tr><td>第 1 章
搭建 Java Web 项目开发环境</td><td>课程教学内容
● 下载、安装和配置 JDK
● 下载、安装和配置 Tomcat
● 安装和配置 MyEclipse 开发环境
● 测试搭建的 Java Web 开发环境
教学重点和难点
重点：能够熟练搭建 Java Web 开发环境
难点：Java Web 开发模式
教学基本要求
熟悉典型的 Java Web 开发模式，学会创建简单的 Java Web 项目，能够熟练搭建 Java Web 开发环境，能够测试 Java Web 开发环境的有效性</td><td>4</td><td>2</td><td>2</td><td>8</td></tr>
</table>

（续）

教学内容	学习要点及教学要求参考	学时分配			
		理论教学	作业训练及辅导	其他教学活动	合计
第2章 使用JSP的脚本与指令	**课程教学内容** ● 编写包含JSP声明、表达式和脚本程序的Web页面 ● 使用page、include、taglib指令设置Web页面 ● 使用include、forward动作标签实现Web页面间的包含和跳转 **教学重点和难点** 重点：JSP中声明、表达式、指令的使用 难点：标签库指令 **教学基本要求** 正确使用JSP脚本编写Web页面，正确使用JSP指令设置Web页面，正确使用JSP动作标签实现Web页面间的包含和跳转，培养Java Web程序的调试能力	6	10	0	16
第3章 连接访问“网上书店”数据库	**课程教学内容** ● 创建“网上书店”Web项目 ● 连接“网上书店”数据库 ● 实现“网上书店”的用户注册功能 ● 实现“网上书店”特价图书和新品图书的显示 **教学重点和难点** 重点：数据库的连接与操作 难点：连接不同类型的数据库 **教学基本要求** 学会使用JDBC-ODBC桥连接方式连接数据库，学会使用纯Java方式连接SQL Server数据库，能够熟练编写Web系统中的数据库增加、删除、修改和查询程序，掌握JDBC连接数据库的方法，能够使用纯Java方式连接其他类型数据库	8	6	2	16
第4章 使用JSP处理客户端请求	**课程教学内容** ● 使用request和response对象实现登录功能 ● 使用session对象实现页面的访问控制 ● 统计网站的在线人数 ● 制作站点计数器 ● 实现“网上书店”的注册和登录功能 ● 实现“网上书店”的图书分类浏览功能 **教学重点和难点** 重点：request、response、session的使用 难点：标签库指令	6	10	0	16

（续）

教学内容	学习要点及教学要求参考	学时分配			
		理论教学	作业训练及辅导	其他教学活动	合计
第4章 使用JSP处理客户端请求	**教学基本要求** 掌握JSP的内置对象及其对应的操作接口，正确使用request、response、application、session等内置对象，正确处理客户端的请求，使用内置对象并结合之前的JSP基础语法，完成简单的两层架构程序开发	6	10	0	16
第5章 使用Servlet实现购物功能	**课程教学内容** • 创建、配置、调用Servlet • 使用Servlet读取表单数据 • 使用Servlet过滤器进行身份验证 • 使用Servlet监听器统计在线人数 • 实现“网上书店”购物车功能 **教学重点和难点** 重点：Servlet的使用 难点：Servlet的生命周期 **教学基本要求** 理解Servlet的生命周期，会使用Servlet处理GET、POST请求，会使用Servlet接收表单数据、处理页面的转向，掌握内置对象在Servlet中的应用，能够使用过滤Servlet实现登录验证，能够使用监听Servlet统计在线人数	6	4	2	12
第6章 使用JavaBean完成业务和表现分离	**课程教学内容** • 操作JavaBean的动作元素 • JavaBean与表单的交互 • 使用JavaBean封装客户留言数据 • 使用JavaBean封装客户留言数据操作 • 实现客户留言功能 **教学重点和难点** 重点：JavaBean的使用 难点：Web开发的标准目录结构 **教学基本要求** 掌握并理解JavaBean的概念，能够根据业务描述设计JavaBean，能够使用JSP的标准动作实现对JavaBean的操作	4	4	0	8
第7章 升级“网上书店”系统为MVC设计模式	**课程教学内容** • 实现基于MVC设计模式的应用程序 • 网上书店系统结账功能的MVC设计与实现 **教学重点和难点** 重点：MVC设计模式 难点：SSH框架 **教学基本要求** 掌握MVC模式的开发方法，能够熟练编写简单的MVC应用程序，在MVC中会运用Servlet进行程序控制	4	8	0	12

（续）

教学内容	学习要点及教学要求参考	学时分配			
		理论教学	作业训练及辅导	其他教学活动	合计
第 8 章 “网上书店”的安全与部署	**课程教学内容** ● 使用验证码实现用户的登录 ● 在登录和注册中使用 MD5 加密 ● 静态部署 Web 应用 ● 动态部署 Web 应用 **教学重点和难点** 重点：Web 网站部署 难点：Web 服务器的安全性 **教学基本要求** 了解 Web 应用系统的安全性，学会在用户的登录中使用验证码，学会在登录和注册中使用 MD5 加密，能够对 Web 系统进行静态及动态的部署	2	6	0	8

目 录

第1章 搭建Java Web项目开发环境

本章主要讲解Java Web项目开发的相关基础知识，包括JSP技术、Web服务器、Java Web开发模式以及JDK的安装和配置、Tomcat的安装和配置、MyEclipse开发环境的安装和配置等，并重点讲解Java Web项目开发环境的搭建方法，简要介绍项目案例“网上书店”的系统功能和数据库设计。

1.1 工作任务与技能目标

工作任务

（1）下载、安装和配置JDK。

（2）下载、安装和配置Tomcat。

（3）安装和配置MyEclipse开发环境。

（4）测试搭建的Java Web开发环境。

技能目标

（1）熟悉典型的Java Web开发模式。

（2）学会创建简单的Java Web项目。

（3）能够熟练搭建Java Web开发环境。

（4）能够测试Java Web开发环境的有效性。

1.2 搭建Java Web开发环境

任务一：下载和安装JDK

【任务描述】

根据Web服务器的版本和Web应用项目的需求选择合适的JDK版本，下载、安装和配置JDK。

【工作目标】

搭建Java Web开发环境时，能够正确地安装和配置JDK。

【任务分析】

JSP是在进行Java Web开发时使用的动态页面编程语言。如果想让您的计算机可以编译并运行 JSP 程序，必须在计算机上安装一个 JDK（Java Development Kit），它的另一个名字是 SDK（Software Development Kit）。

【关键步骤】

1. 下载、安装 JDK

首先到 Sun 公司的 Java 语言官方网站上下载最新版的 JDK 软件（jdk-1_6_0_05-windows-i586-p.exe），下载地址：http://java.sun.com/。安装方式和一般软件相同，此处不赘述。安装结束后，在计算机上看到一个目录，如图 1-1 所示。

图 1-1 JDK 的安装目录

还有一个目录——JRE，内容如图 1-2 所示。

图 1-2 JRE 安装目录

如果想了解一下本计算机安装的 JDK 是什么版本的，可以用在命令行运行方式下输入下列命令查询：

```
java -version
```

显示结果如图 1-3 所示。

图 1-3 显示 JDK 版本

2. 配置 JDK

安装完 JDK 后，需要设置 3 个系统环境变量，具体如下所示。

- JAVA_HOME：Java JDK 的路径
- Path：Java JDK 开发工具的路径
- CLASSPATH：Java 程序所需的*.class 路径（类路径）

进入“控制面板”，双击“系统”，弹出“系统属性”对话框。在“我的电脑”中单击鼠标右键，选择“属性”，也可以打开“系统属性”对话框。如图 1-4 所示。

选择“高级”选项卡，单击“环境变量”按钮，在打开的对话框中即可设置环境变量。我们需要设置的是“系统变量”，如图 1-5 所示。

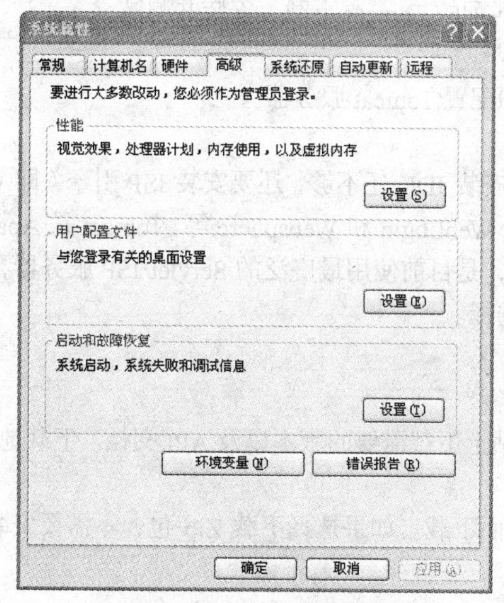

图 1-4 “系统属性”对话框

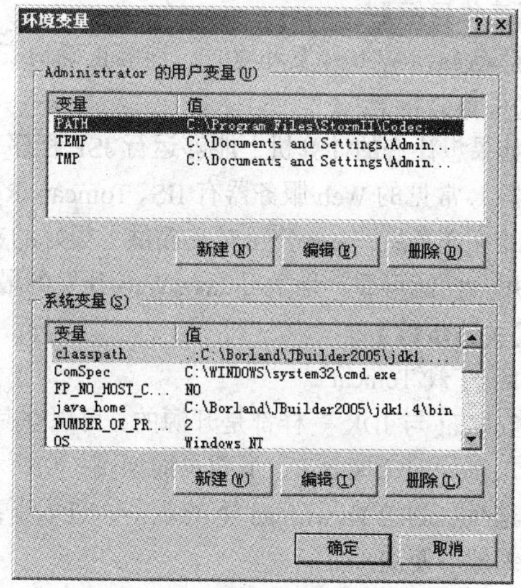

图 1-5 “环境变量”对话框

（1）设置 JAVA_HOME 环境变量。

通常没有这个变量，可以单击“新建”按钮，打开图 1-6 所示的对话框。

在“变量名”处填入“JAVA_HOME”，在“变量值”处填入 JDK 的安装路径，例如“C:\Program Files\Java\jdk1.5.0_04”。

（2）设置 Path 环境变量。

通常这个变量已有（没有请新建），单击“编辑”按钮，打开图 1-7 所示的对话框。

在“变量值”处输入 Java 开发工具的所在路径，即“bin”文件夹所在路径。可以填写绝对路径，例如“C:\Program Files\Java\jdk1. 5.0_04\bin”。或者填入相对路径，由于前面已经定义了 JAVA_HOME 这个变量，所以相对路径是“%JAVA_HOME%\bin”。

图 1-6 新建 JAVA_HOME

注意：“变量值”区域还有一些其他路径，每个路径之间用“;”隔开。

编辑系统变量

变量名(N): Path

变量值(V): \Program Files\Java\jdk1.5.0_04\bin

确定 取消

图 1-7 编辑 Path

（3）设置 CLASSPATH 环境变量。

通常这个变量已有（如果没有，请“新建”），单击“编辑”按钮，打开图 1-8 所示的对话框。

在“变量值”处输入在编译程序时所需要的一些外部的*.class 文件所在路径，例如可以填入：

```
".;C:\Program Files\Java\jdk1.5.0_04\lib\tools.jar;
C:\Program Files\Java\jdk1.5.0_04\lib\dt.jar"
```

新建系统变量

变量名(N): CLASSPATH

变量值(V): m Files\Java\jdk1.5.0_04\lib\dt.jar

确定 取消

图 1-8 新建 CLASSPATH

任务二：安装和配置 Tomcat

【任务描述】

在成功安装 JDK 的基础上，选择与 JDK 版本匹配的 Tomcat 下载、安装并测试。

【工作目标】

搭建 Java Web 开发环境时，能够正确地安装和配置 Tomcat 服务器。

【任务分析】

如果想让您的计算机上能够运行 JSP 程序，仅安装 JDK 还不够，还要安装 JSP 引擎（即 Web 服务器）。常见的 Web 服务器有 IIS、Tomcat、Resin、WebLogin 和 Websphere 等。Tomcat 是 Apache 组织的一个产品，Sun 公司对其提供了很好的支持，是目前使用最广泛的 Servlet/JSP 服务器，简单易用，性能可靠，是学习 Java Web 开发的最佳选择。

【关键步骤】

1. 下载 Tomcat

Tomcat 与 JDK 一样都是开源的，可以在其网站上下载需要的版本以及 API 文档。下载地址：http://tomcat.apache.org/，下载页面如图 1-9 所示。

选择左侧的 Download 下的版本，进入下载页面下载。如果选择下载 Zip 包，不需要安装，解压缩即可使用。

2. 安装和配置 Tomcat

下面以安装 Tomcat 6.0 为例，详述安装过程。apache-tomcat-6.0.29.exe 安装包下载以后，双击进行安装，步骤如下。

（1）双击 apache-tomcat-6.0.29.exe 文件，显示图 1-10 所示对话框，单击“Next”按钮继续安装。

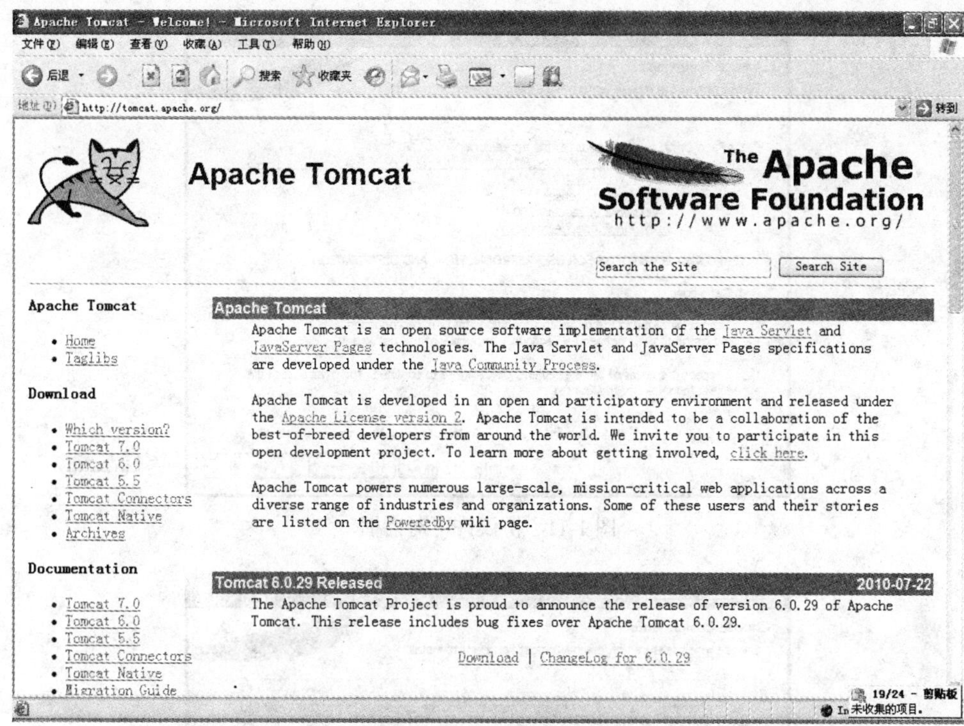

图 1-9　Tomcat 下载页面

图 1-10　欢迎对话框

（2）打开协议许可对话框，如图 1-11 所示，单击“I Agree”按钮继续安装。

（3）打开选择组件对话框，如图 1-12 所示，采用默认设置，单击“Next”按钮继续安装。

（4）打开设置安装位置对话框，如图 1-13 所示，可以单击“Browse”按钮选择其他路径，也可采用默认路径。单击“Next”按钮继续安装。

（5）打开配置对话框，如图 1-14 所示，设置服务器端口号、用户名和密码，单击“Next”按钮继续安装。

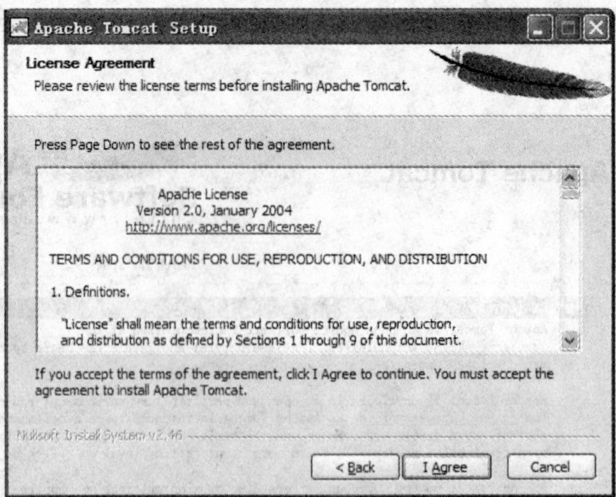

图 1-11 协议许可对话框

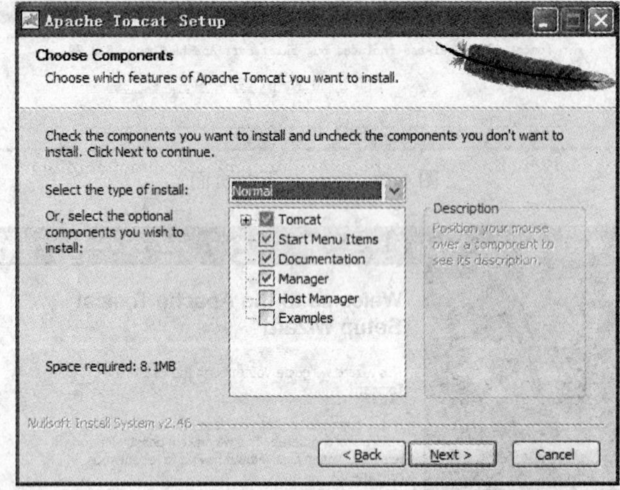

图 1-12 选择组件对话框

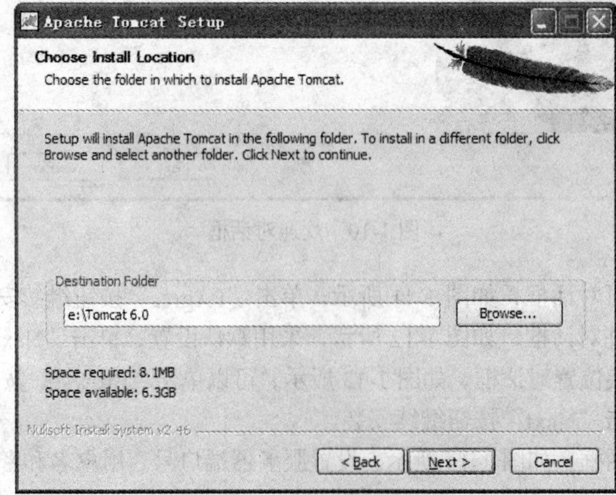

图 1-13 设置安装位置对话框

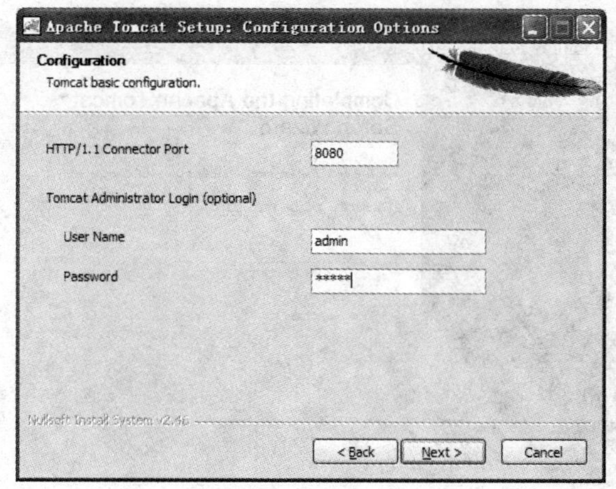

图 1-14　配置对话框

（6）打开 Java 虚拟机选择对话框，如图 1-15 所示，将本机的 Java 虚拟机路径设置好，单击“Install”按钮继续安装。

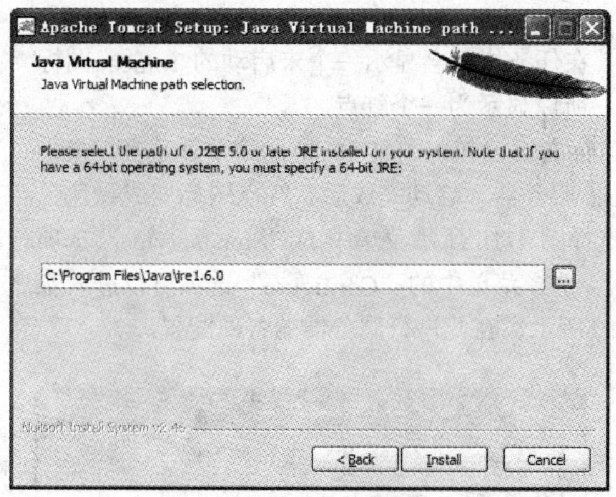

图 1-15　Java 虚拟机选择对话框

（7）打开正在安装对话框，如图 1-16 所示。安装完成后，显示如图 1-17 所示对话框。

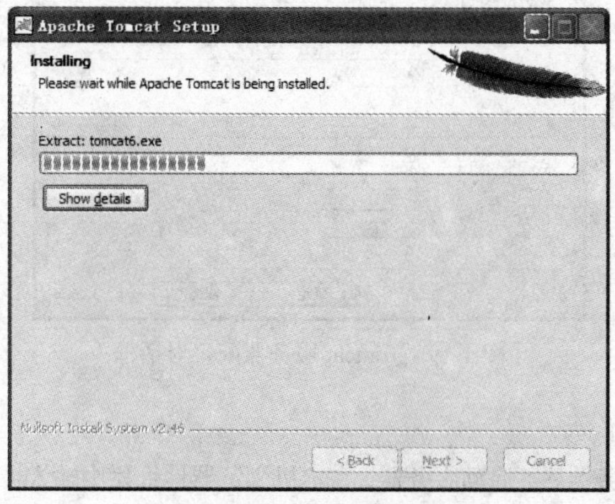

图 1-16　正在安装对话框

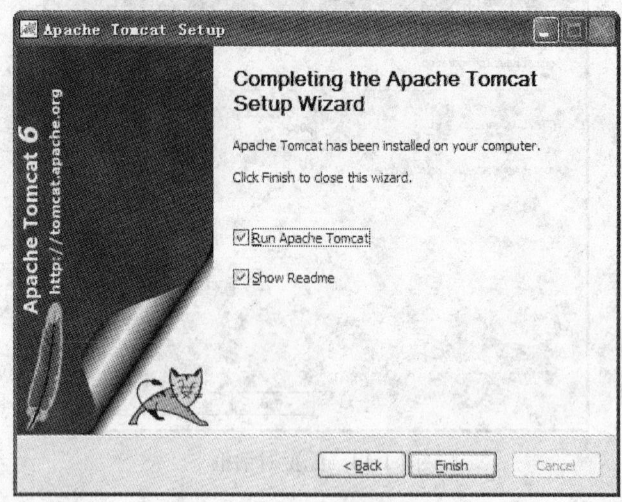

图 1-17　安装完成对话框

3. 运行 Tomcat

Tomcat 安装完成后，在任务栏将会显示一个未启动的 Tomcat 图标，由于没有启动服务，所以显示为一个红点。

图 1-18　Tomcat 操作菜单

在红点图标上单击鼠标右键，弹出图 1-18 所示菜单，选择“Start service”即可启动 Tomcat 服务器，启动完成后，红点图标变成绿色三角形。在启动状态下，选择图 1-18 所示菜单中的“Stop service”选项即可停止 Tomcat 服务器，选择菜单中的“Configure”选项可以进入服务器配置界面，如图 1-19 所示，在此进行服务器的各项配置。

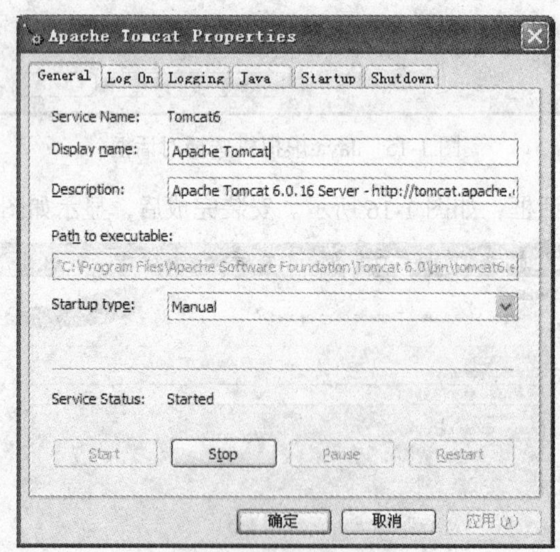

图 1-19　Tomcat 服务器配置对话框

4. 测试 Tomcat

安装完成 Tomcat 服务器后，启动服务器，在本机浏览器地址栏中输入：“http://127.0.0.1:8080/”，如果出现图 1-20 所示界面，说明 Tomcat 服务器安装配置成功。

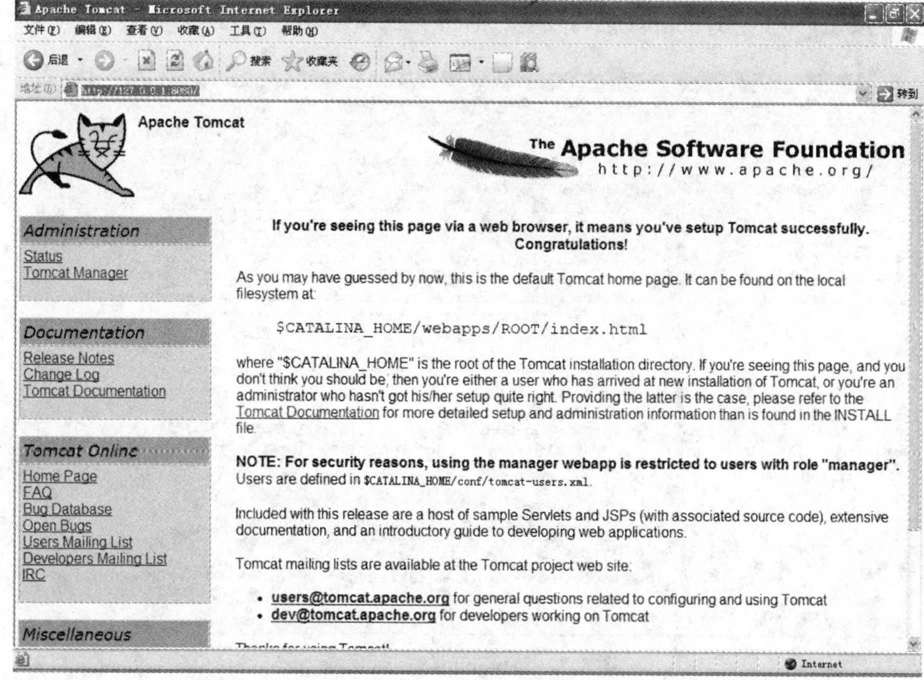

图 1-20 Tomcat 安装成功后的主页面

任务三：安装和配置 MyEclipse

【任务描述】

安装和配置 MyEclipse 集成开发环境，使其可以开发 Java Web 应用程序。

【工作目标】

搭建 Java Web 开发环境时，能够正确地安装和配置 MyEclipse。

【任务分析】

目前 JSP 开发的工具主要有 Eclipse 和 MyEclipse 两种，其中 Eclipse 是一个集成开发环境（Integrated Developing Environment），是用于程序开发的环境，一般包括代码编辑器、编译器、调试器和图形用户界面工具，该程序可以独立运行，也允许安装第三方开发的插件来使自身的功能得到扩展和增强。而 MyEclipse 企业级工作平台（MyEclipse Enterprise Workbench）是对 Eclipse IDE 的扩展，是有名的插件集之一，利用它我们可以在数据库和 J2EE 的开发、发布，以及应用程序服务器的整合方面极大地提高工作效率。本书采用 MyEclipse 8.5 版本作为开发平台，所有程序均在此环境下调试通过。

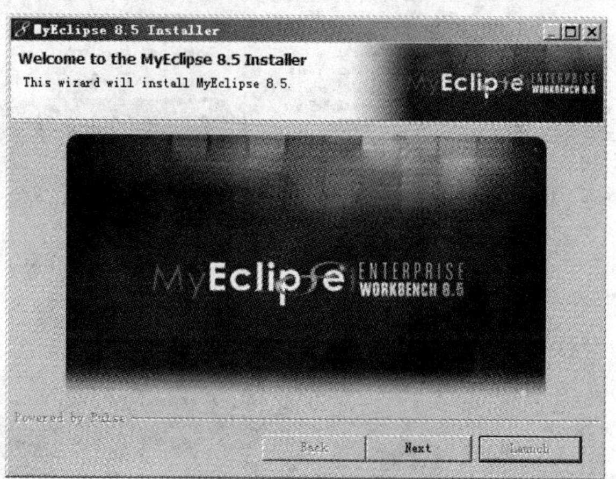

图 1-21 安装 MyEclipse

【关键步骤】

1. 安装 MyEclipse

双击安装文件，会出现如图 1-21 所示的界面，单击“Next”按钮，完成安装后，单击“Finish”按钮，进入 MyEclipse 运行环境，如图 1-22 所示。

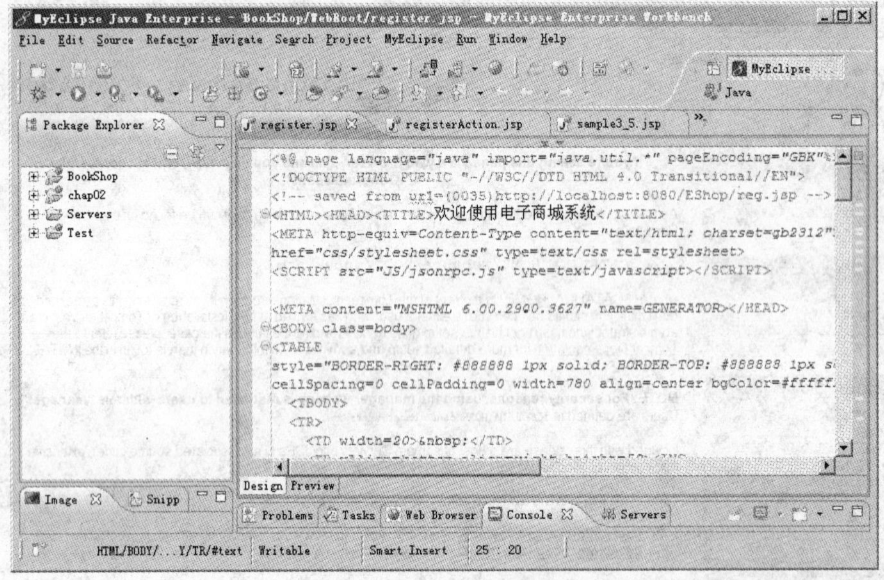

图 1-22　MyEclipse 运行环境

2. 配置 MyEclipse

配置 MyEclipse 主要是指设置 Web 服务器。在 MyEclipse 运行环境中，选择“Window”→“Preferences”菜单，在“MyEclipse”→“Servers”中选择“Tomcat”，再选择 Tomcat 6.x，弹出如图 1-23 所示界面，选中“Enable”，允许使用 Tomcat server，单击“Browse…”按钮，设置 Tomcat home directory 路径，单击“Apply”按钮使设置生效。接着，再选择“Tomcat 6.x”→“JDK”，单击“Add”按钮，添加一个 JRE home，保存配置，如图 1-24 和图 1-25 所示。

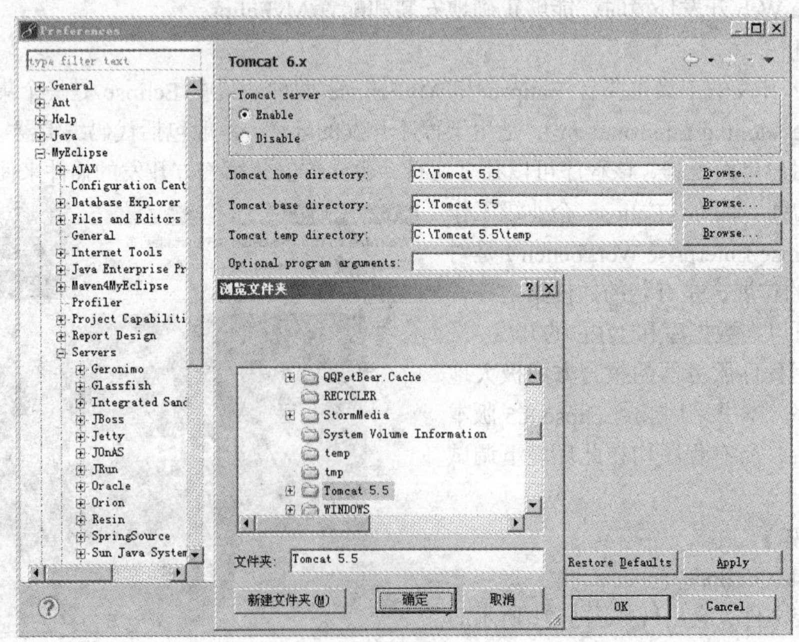

图 1-23　设置 Tomcat home directory 路径

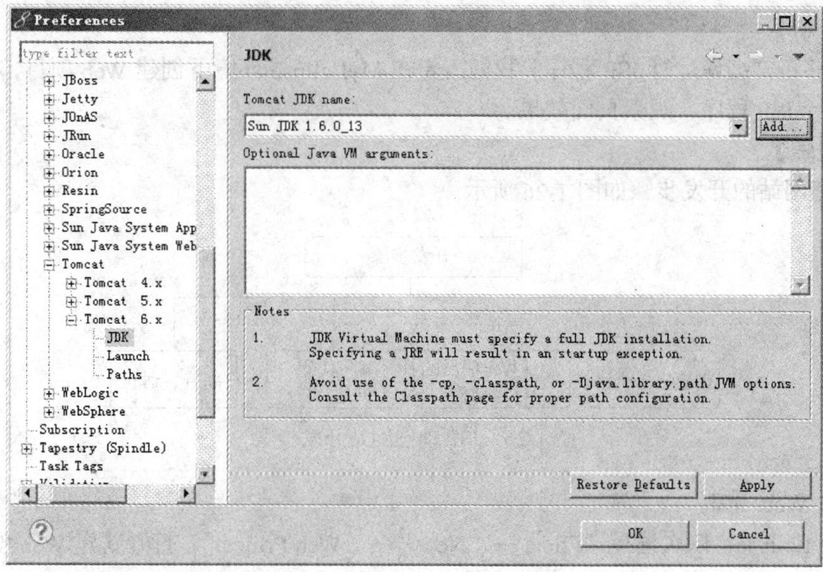

图 1-24 设置 Tomcat JDK name

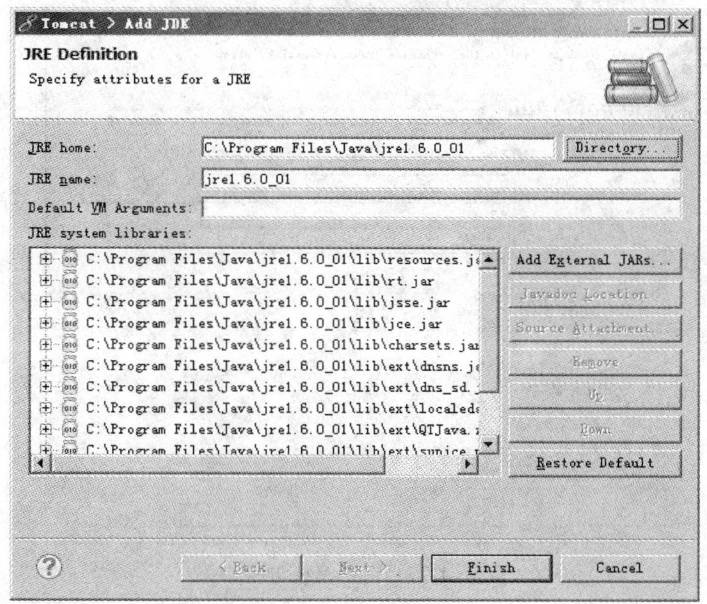

图 1-25 配置 JRE home

1.3 创建第一个 Java Web 程序

任务四：编写与运行 Java Web 程序

【任务描述】

在配置好的 MyEclipse 环境中，应用 JSP 基础语法编写一个简单的 JSP 程序，内容与普通的 HTML 文件一样，只是文件的扩展名为.jsp，而不是.html。

【工作目标】

学会在 MyEclipse 环境下创建 JSP 应用程序。

【任务分析】

为了能够正常编译运行 JSP 程序，我们需要在 MyEclipse 环境下创建 Web 项目，编写 JSP 文件，最后运行 JSP 程序，观察页面效果。

【关键步骤】

JSP 动态网站的开发步骤如图 1-26 所示。

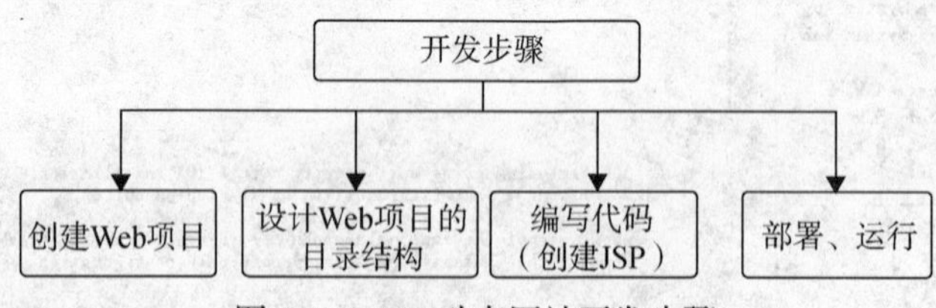

图 1-26　JSP 动态网站开发步骤

1. 创建 Web 项目

启动 MyEclipse，依次选择“File”→“New”→“Web Project”，打开新建 Web 项目对话框，如图 1-27 所示，输入项目名称“Test”，单击“Finish”按钮，即完成 Test 项目的创建。

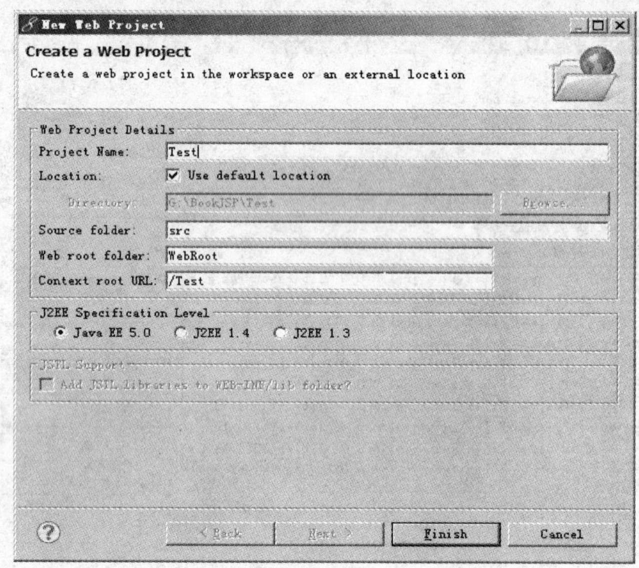

图 1-27　新建 Web 项目

2. 设计 Web 项目的目录结构

一个 Web 项目的标准目录结构如图 1-28 所示。

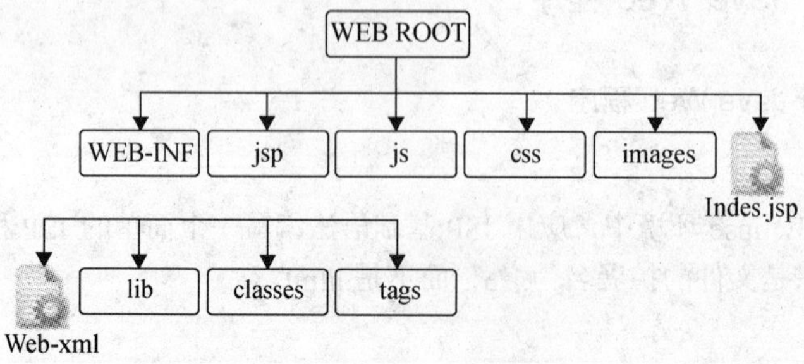

图 1-28　Web 目录的标准结构

图 1-28 中各个目录的具体作用如表 1-1 所示。

表 1-1 Web 项目中各个目录的作用

序号	目录或文件名称	作 用
1	WEB ROOT	Web 的根目录，一般虚拟目录直接指向此文件夹，此文件夹下必然直接包含 WEB-INF
2	WEB-INF	Web 目录中最安全的文件夹，保存各种类、第三方 jar 包、配置文件
3	web.xml	Web 的部署描述符
4	classes	保存所有的 JavaBean，如果不存在，可以手工创建
5	lib	保存所有的第三方 jar 文件
6	tags	保存所有的标签文件
7	jsp	存放*.jsp 文件，一般根据功能再建立子文件夹
8	js	存放所有需要的*.js 文件
9	css	样式表文件的保存路径
10	images	存放所有的图片，例如：*.gif 或*.jpg 文件
11	index.jsp	网站主页，能够被网站自动加载

在 MyEclipse 下新建一个 Web 项目时，默认的目录结构如图 1-29 所示，src 目录用来存放 Java 源文件。在实际开发过程中，我们可以根据项目的具体情况，参照 Web 项目的标准目录结构，在 src 和 WebRoot 目录下手工创建新的目录，存放不同的资源，设计出符合实际需要的目录结构。

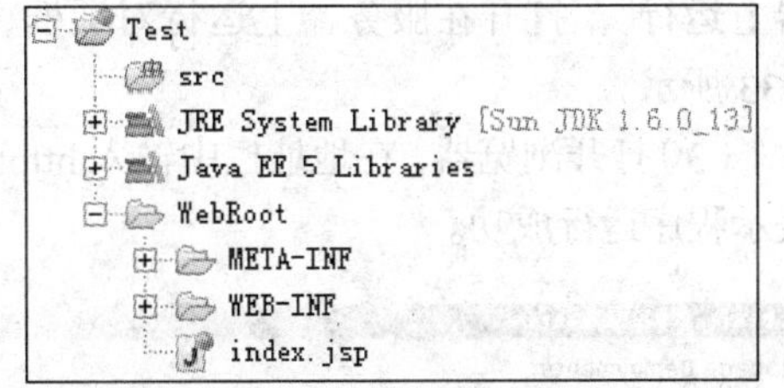

图 1-29 MyEclipse 下 Web 项目的默认目录结构

3. 编写代码（创建 JSP）

（1）依次选择“File”→“New”→“JSP(Advanced Templates)”，打开“Greate a new JSP page”对话框，如图 1-30 所示，修改文件名称为 first.jsp，单击“Finish”按钮，完成 JSP 文件的新建。

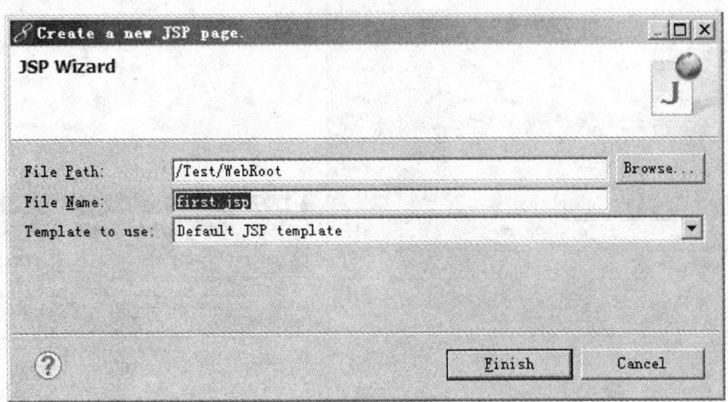

图 1-30 设置新 JSP 文件名称

（2）打开 first.jsp 页面，如图 1-31 所示，在<body>标签中把原有内容删去，写入“My first Java Web Project!!!”，保存文件。

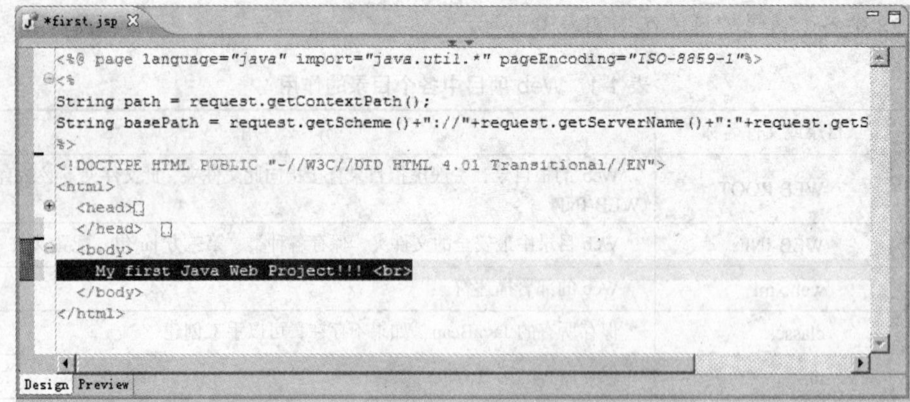

图 1-31　编辑 JSP 文件

4. 部署、运行

（1）在服务器管理器中，右击包含 Test 项目的服务器，选择“Start”菜单项，启动该服务器，如图 1-32 所示。

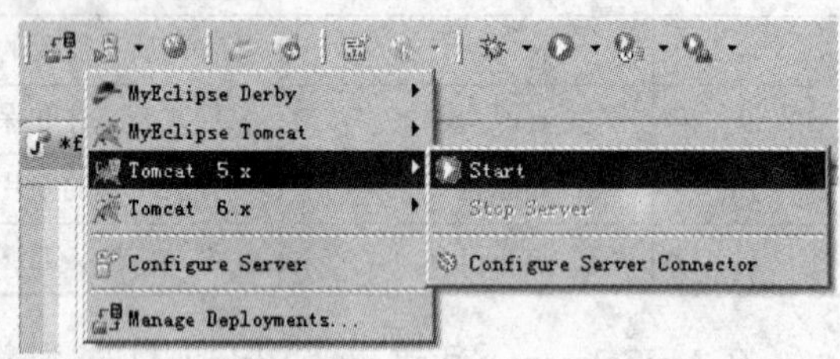

图 1-32　在 MyEclipse 中启动 Tomcat 服务器

（2）鼠标右击“Test”项目，选择“在服务器上运行”，打开在服务器上运行对话框，如图 1-33 所示。

（3）打开浏览器，在地址栏中输入 http://localhost:8080/Test/first.jsp，显示如图 1-34 所示页面，表示程序运行成功。

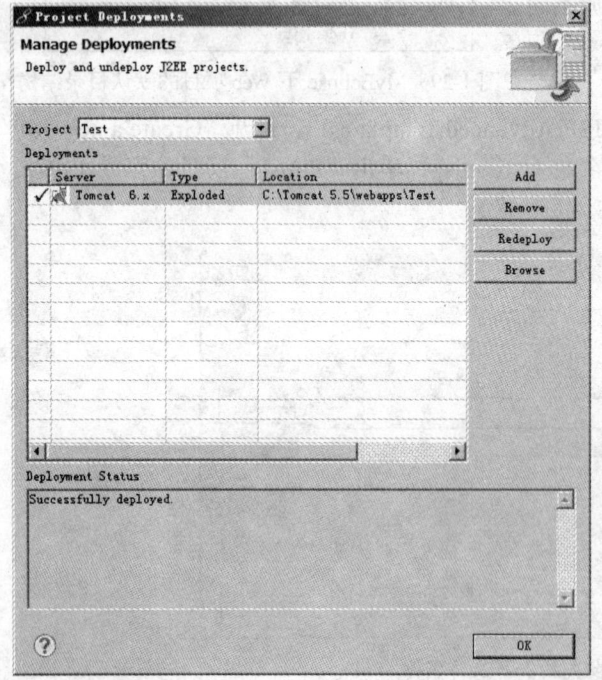

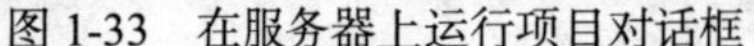

图 1-33　在服务器上运行项目对话框

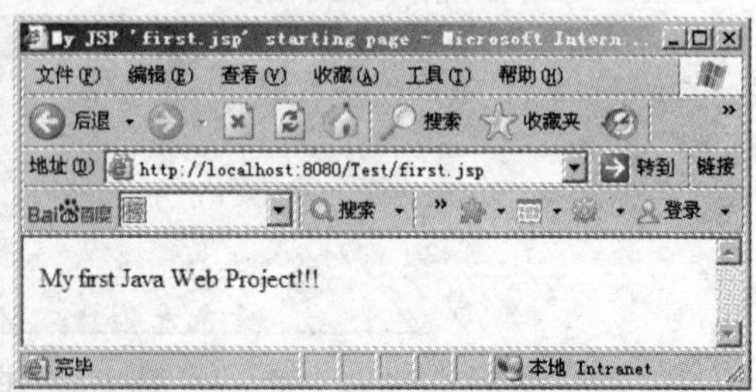

图 1-34　first.jsp 的运行结果

1.4 “网上书店”系统简介

任务五：设计“网上书店”数据库

【任务描述】

根据“网上书店”系统功能描述和实际业务分析，设计出数据库。

【工作目标】

完成“网上书店”数据库设计。

【任务分析】

关系数据库是以关系模型为基础的数据库，它利用关系描述现实世界。一个关系既可用来描述一个实体及其属性，也可用来描述实体间的一种联系。经过分析，本系统数据库包含 BookType（图书类别表）、Book（图书信息表）、CustomerType（会员级别表）、Customer（会员表）、SysUser（系统用户表）、LeaveWord（留言反馈表）、ShoppingCart（购物车记录表）、ShoppingCartBookList（购物车商品清单表）、Order（订单信息表）等数据库表。

【关键步骤】

1. 数据表设计

● 会员表（Customer 表）

会员表主要用来保存系统会员信息，Customer 表的结构如表 1-2 所示。

表 1-2 Customer 表的结构

序号	字 段 名	数 据 类 型	可空	主外键	描 述
1	Id	Int(4)	N	PK	会员标识
2	CustomerTypeID	Int(4)	N	FK	会员级别 ID
3	Realname	Varchar(50)	N		真实姓名
4	LoginName	Varchar(50)	N		会员账号
5	Password	Varchar(20)	N		会员密码
6	Address	Varchar(100)	N		通信地址
7	LinkTel	Varchar(20)	N		联系电话
8	Postalcode	Varchar(8)	N		邮政编码
9	Reg_date	Date	N		注册日期
10	RecentlyLoginDate	Date	N		最近登录日期
11	LoginNum	Int(4)	N		登录次数
12	LinkMail	Varchar(50)	Y		联系邮件

● 会员级别表（CustomerType 表）

会员级别表主要用来保存会员的级别信息，CustomerType 表的结构如表 1-3 所示。

表 1-3 CustomerType 表的结构

序号	字 段 名	数 据 类 型	可空	主外键	描 述
1	Id	Int(4)	N	PK	级别标识
2	Name	Varchar(50)	N		级别名称
3	Percentage	Float(8)	N		打折比率

- 图书信息表（Book 表）

图书信息表主要用来保存图书信息，Book 表的结构如表 1-4 所示。

表 1-4 Book 表的结构

序号	字段名	数据类型	可空	主外键	描述
1	Id	Int(4)	N	PK	图书标识
2	Name	Varchar(100)	N		图书名称
3	BookTypeID	Int(4)	N	FK	图书类别 ID
4	Price	Money(8)	N		图书价格
5	SpecialPrice	Money(8)	Y		物价图书价格
6	StockNum	Int(4)	N		库存量
7	Pic	Varchar(100)	Y		封面图片地址
8	PublishCompany	Varchar(100)	Y		出版社
9	PublishDate	Date	Y		出版日期
10	Author	Varchar(50)	Y		作者
11	IsCommend	Boolean	N		是否推荐图书
12	IsSpecial	Boolean	N		是否为特价书

- 订单信息表（Order 表）

订单信息表主要用来保存会员订单的概要信息，Order 表的结构如表 1-5 所示。

表 1-5 Order 表的结构

序号	字段名	数据类型	可空	主外键	描述
1	Id	Int(4)	N	PK	订单标识
2	CustomerID	Int(4)	N	FK	会员 ID
3	ShoppingCartID	Int(4)	N	FK	购物车 ID
4	OrderCode	Varchar(10)	N		订单编号
5	OrderDate	Date	N		订单日期
6	OrderState	Varchar(50)	N		订单状态

- 购物车记录表（ShoppingCart 表）

购物车记录表主要用来保存会员的购物车概要信息，ShoppingCart 表的结构如表 1-6 所示。

表 1-6 ShoppingCart 表的结构

序号	字段名	数据类型	可空	主外键	描述
1	Id	Int(4)	N	PK	购物车标识
2	CustomerID	Int(4)	N	FK	会员 ID
3	TotalPrice	Money(8)	N		购物车总金额
4	State	Boolean	N		购物车状态

- 购物车商品清单表（ShoppingCartBookList 表）

购物车商品清单表主要用来保存会员的购物车内所选购图书的详细信息，ShoppingCart BookList 表的结构如表 1-7 所示。

表 1-7 ShoppingCartBookList 表的结构

序号	字 段 名	数 据 类 型	可 空	主外键	描 述
1	Id	Int(4)	N	PK	清单标识
2	BookID	Int(4)	N	FK	图书 ID
3	ShoppingCartID	Int(4)	N	FK	购物车 ID
4	BookNum	Int(4)	N		图书数量
5	BookPrice	Money(8)	N		图书价格

● 图书类别表（BookType 表）

图书类别表主要用来保存图书的种类信息，BookType 表的结构如表 1-8 所示。

表 1-8 BookType 表的结构

序号	字 段 名	数 据 类 型	可 空	主外键	描 述
1	Id	Int(4)	N	PK	类别标识
2	ParentId	Int(4)	N	FK	父类别 ID
3	Name	Varchar(50)	N		类别名称
4	Description	Varchar(100)	Y		类别描述
5	Orders	Int(4)	N		排序号

● 留言反馈表（LeaveWord 表）

留言反馈表主要用来保存系统会员的留言、反馈信息以及系统管理人员对留言、反馈的回复信息，LeaveWord 表的结构如表 1-9 所示。

表 1-9 LeaveWord 表的结构

序号	字 段 名	数 据 类 型	可 空	主外键	描 述
1	Id	Int(4)	N	PK	留言标识
2	CustomerID	Int(4)	N	FK	会员 ID
3	SysUserID	Int(4)	Y	FK	系统管理员 ID
4	Subject	Varchar(100)	N		留言主题
5	LeaveContent	Varchar(500)	N		留言内容
6	LeaveDate	Date	N		留言日期
7	ReplyContent	Varchar(500)	Y		回复内容
8	ReplyDate	Date	Y		回复日期

● 系统用户表（SysUser 表）

系统用户表主要用来保存系统的管理人员信息（主要包括系统管理员、图书管理员、会员管理员、订单管理员），SysUser 表的结构如表 1-10 所示。

表 1-10 SysUser 表的结构

序号	字 段 名	数 据 类 型	可 空	主外键	描 述
1	Id	Int(4)	N	PK	系统用户标识
2	RealName	Varchar(50)	N		真实姓名
3	LoginName	Varchar(50)	N		系统用户账号
4	Password	Varchar(20)	N		系统用户密码
5	Address	Varchar(100)	N		通信地址
6	Role	Varchar(20)	N		管理员角色
7	HireDate	Date	N		雇佣日期

2. 附加数据库

（1）启动 SQL Server 2005，进入到 Microsoft SQL Server Management Studio，在“对象资源管理器”中用鼠标右键单击“数据库”对象，选择“附加”选项，如图 1-35 所示。

（2）打开“附加数据库”对话框，选择“网上书店”系统对应的数据库文件“webstore.mdf”后，单击“确定”按钮，完成数据库的附加操作，如图 1-36 所示。

3. 创建数据源

（1）在“开始”—“程序”—“管理工具”下面选择数据源，打开“ODBC 数据源管理器”对话框，如图 1-37 所示。

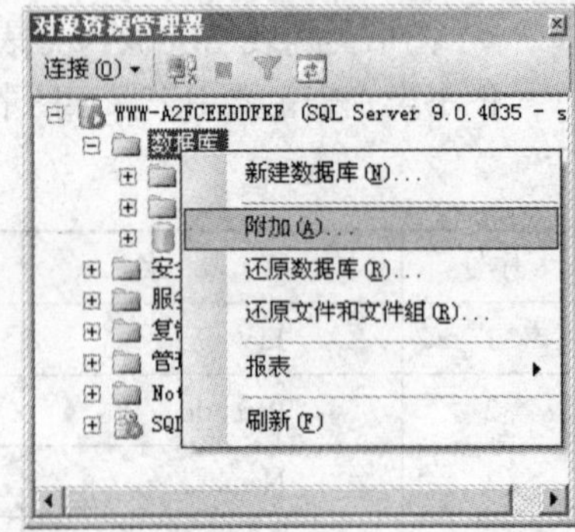

图 1-35 选择“附加”选项

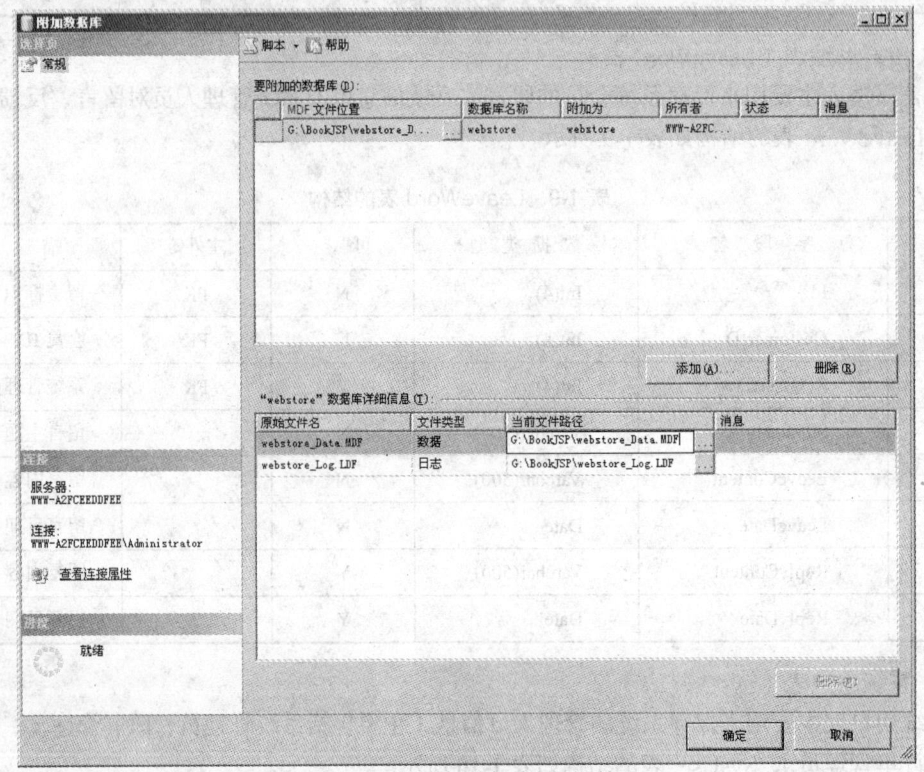

图 1-36 “附加数据库”对话框

（2）选择“系统 DSN”选项卡，单击“添加”按钮，出现“创建新数据源”对话框，如图 1-38 所示。

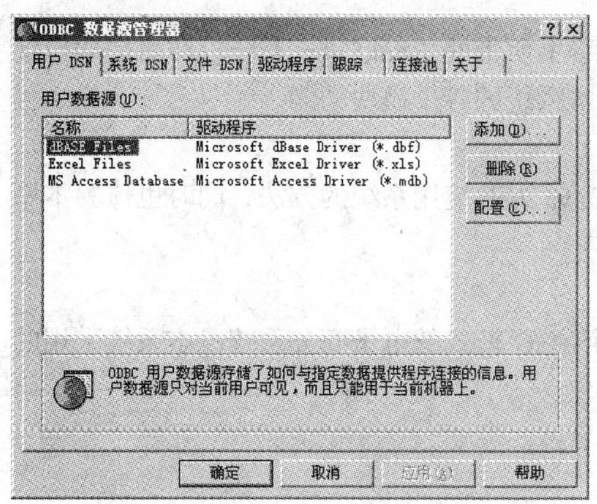

图 1-37 “ODBC 数据源管理器”对话框

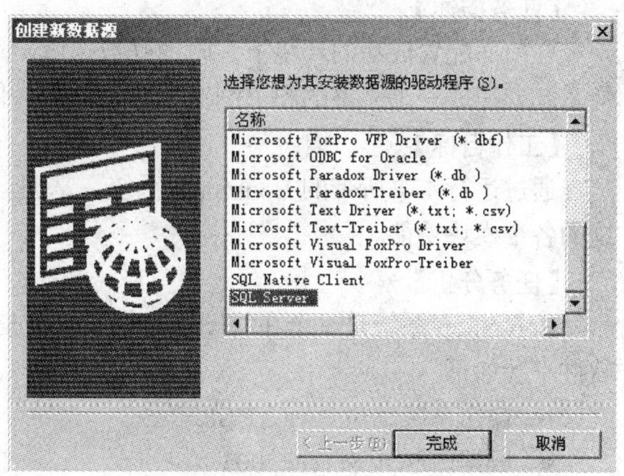

图 1-38 “创建新数据源”对话框

（3）选择“SQL Server”，单击“完成”按钮，出现“创建到 SQL Server 的新数据源”对话框，如图 1-39 所示，输入数据源的名称和服务器名称。

（4）单击“下一步”，选择验证方式后，单击“下一步”，更改默认数据库为想要连接的数据库，如图 1-40 所示。

（5）单击“下一步”，打开的对话框中显示默认配置，单击“完成”，打开“ODBC Microsoft SQL Server 安装”对话框，如图 1-41 所示，单击“测试数据源”，可以查看数据源是否配置成功。测试成功后，单击“确定”按钮，数据源名称出现在“系统 DSN”选项卡中。至此，数据源配置成功。

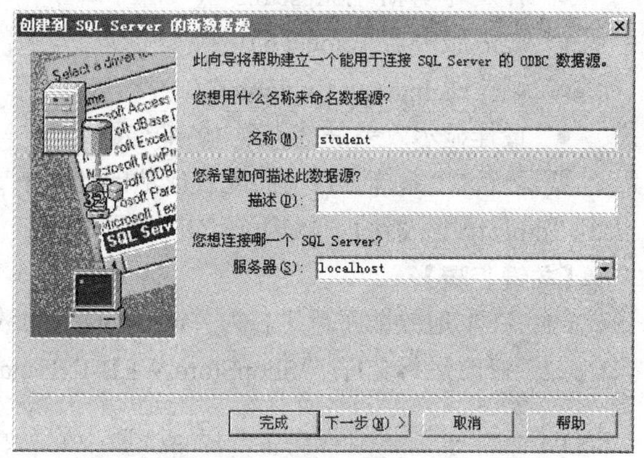

图 1-39 创建数据源

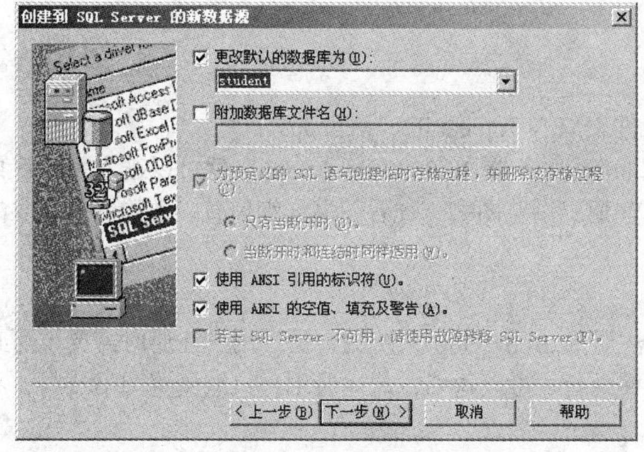

图 1-40 选择数据库

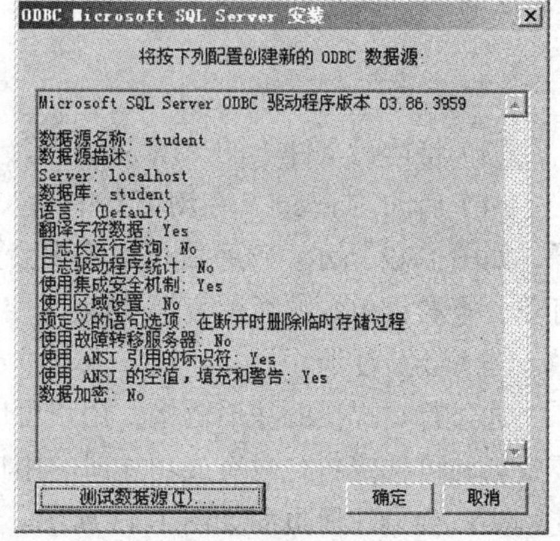

图 1-41 测试连接

任务六：体验“网上书店”系统功能

【任务描述】

在前面配置成功的环境下，附加好数据库，运行本书所带的 BookShop 系统，注册成功后登录系统，完成一个完整的图书浏览和购书过程，体验本系统的各个模块功能。

【工作目标】

通过运行本书所带的 BookShop 系统，掌握运行 Java Web 应用系统的方法，同时也体验本系统的各个模块功能。

【任务分析】

BookShop 系统是一个在线图书销售系统，是一个 B2C 模式的电子商务系统。本系统采用的软件平台如下。

- 操作系统 Windows XP SP2
- 数据库 SQL Server 2005
- 开发工具包 JDK 1.6
- 开发环境 MyEclipse 8.5
- Web 服务器 Tomcat 6.0
- 浏览器 Internet Explorer 6.0
- 最佳显示效果是分辨率 1024 × 768

要运行这个系统，在前面配置成功的环境下，附加好数据库，把整个“BookShop”文件夹拷贝到 Tomcat 服务器的“webapps”目录下即可。

【关键步骤】

（1）在本地数据库新建名为“webstore”的数据库，将数据库备份到本地数据库中。

（2）修改运行文件“\ShopStore\WEB-INF\classes\com\db\db.properties”。

```
drivers=net.sourceforge.jtds.jdbc.Driver
logfile=log.txt
//数据库的 IP 地址: 端口号/数据库名称
jdbc.url=jdbc:jtds:sqlserver://localhost:1433/webstore
//数据库的用户名
jdbc.user=sa
//数据库密码
jdbc.password=sa
idb.maxconn=10
```

（3）将运行文件下的“BookShop”文件夹放入 Tomcat 的“webapps”。

（4）启动 Tomcat，在浏览器中输入“http://服务器 IP:8080/BookShop”就可以进入系统首页了，如图 1-42 所示。该系统可以实现会员注册、浏览图书、查看图书详细信息、选购图书、取消订单、查看订单、顾客留言等功能。

（5）会员注册。

通过首页提供的注册链接，用户可以注册为 BookShop 系统的会员，用户注册时需要填写必要资料和可选资料，只有成功注册的用户登录后才可以购书，非注册用户只能浏览图书资料，不能购买。会员注册页面如图 1-43 所示。

（6）会员登录。

注册会员通过首页提供的登录入口可以登录到 BookShop 网上书店系统。注册会员输入注册用户名和密码可以登录本网站进行购物。会员登录时的界面如图 1-44 所示，登录后的显示信息如图 1-45 所示。

图 1-42 “网上书店”系统首页

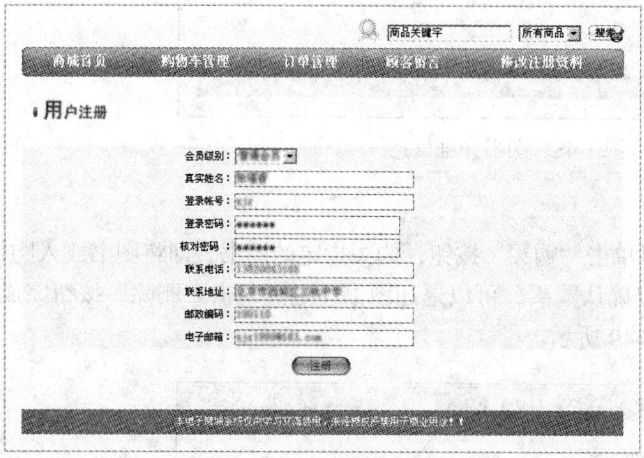

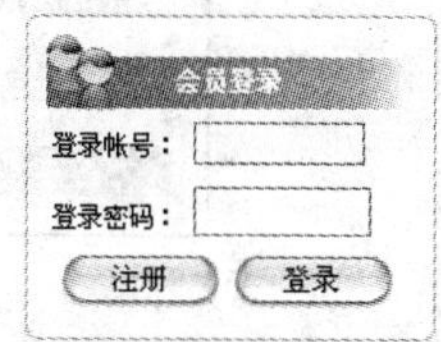

图 1-44 会员登录时的界面

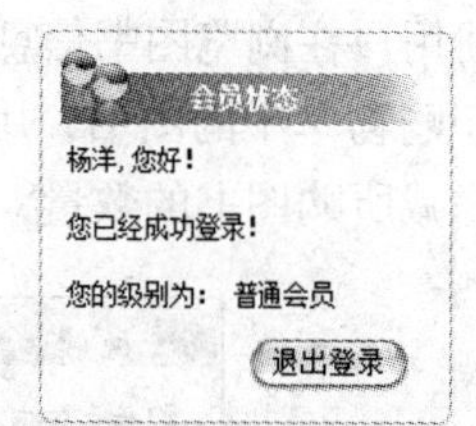

图 1-45 会员登录后的界面

图 1-43 用户注册页面

（7）图书展示。

● 特价区

进入 BookShop 网上书店系统后，在网站首页的上半部分会显示出特价的 3 种图书信息，用户可以通过单击“更多>>”超级链接查看更多的特价图书信息，如图 1-46 所示。

● 新品上市

进入 BookShop 网上书店系统后，在网站首页的下半部分会显示出最新入库的 3 种图书信息，用户可以通过单击“更多>>”超级链接查看更多的新图书信息，如图 1-47 所示。

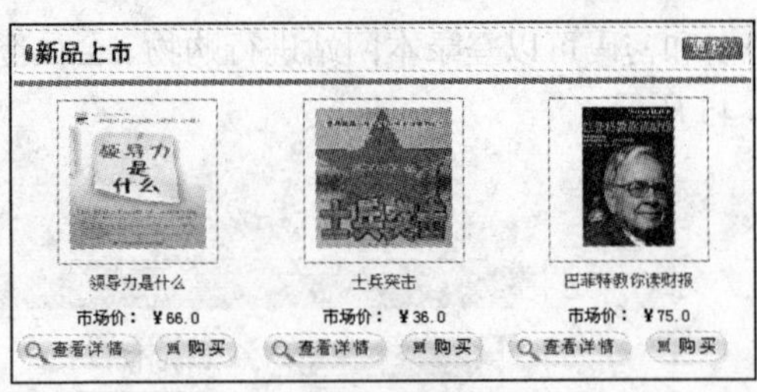

图 1-46　特价区

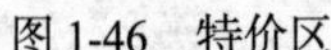

图 1-47　新品上市

（8）图书详情。

用户在浏览图书商品信息时可以单击“查看详情”按钮，查看图书大图、出版日期、出版社、图书简介等详细信息，如图 1-48 所示。

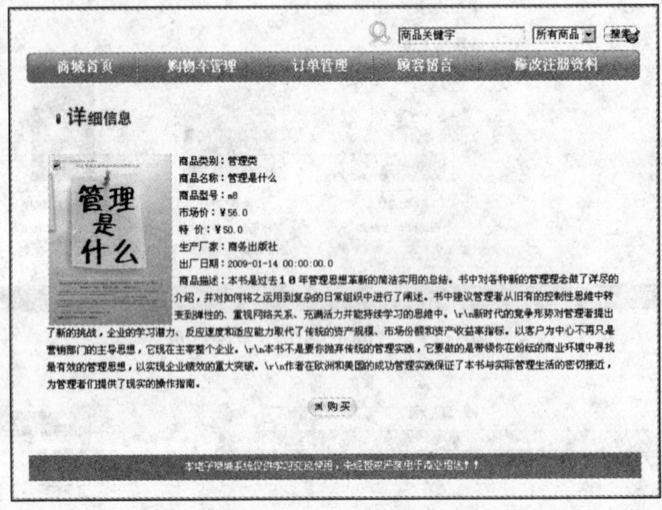

图 1-48　图书详细信息

（9）购物车。

注册用户在浏览图书信息时可以单击“购买”按钮，购买指定的图书，即将图书放入购物车中。对于购物车中的图书，用户可以确认购买，可以退还图书（通过单击“删除”按钮完成），也可以增减所购图书的数量，如图 1-49 所示。

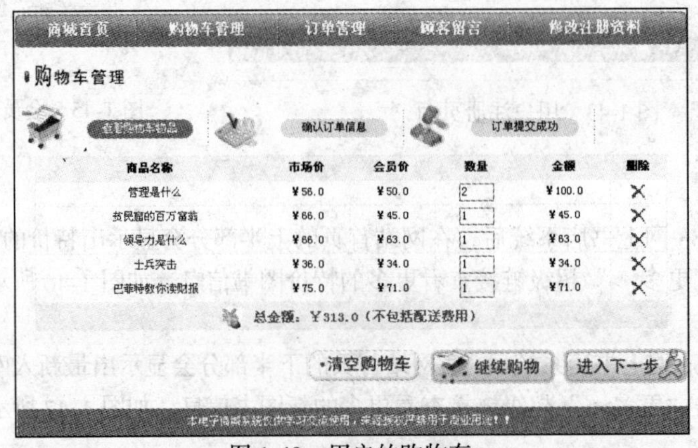

图 1-49　用户的购物车

（10）顾客留言。

注册用户和非注册用户可以查看对网站服务质量和特定商品的评论，注册用户也可以对图书商品发表反馈意见和建议，如图 1-50 所示。

图 1-50 顾客留言

1.5 本章小结

技能回顾

本章重点讲解了 Java Web 项目开发环境的搭建方法，包括 JSP 技术、Web 服务器、Java Web 开发模式以及 JDK 的安装和配置、Tomcat 的安装和配置、MyEclipse 开发环境的安装和配置。主要内容如下。

- JSP 技术是用 Java 开发服务器端应用的主要技术，是开发商务应用表示端的标准。
- JSP 技术规范中给出了两种使用 JSP 开发 Web 应用的方式：JSP+JavaBean 模型和 JSP+Servlet+JavaBean 模型，现在大量的应用开发都采用 JSP+Servlet+JavaBean 模型（MVC）。
- Java Web 项目开发环境比较复杂，对于初学者来说，只要掌握基本的简单开发环境搭建即可：安装和配置 JDK、安装和配置 Tomcat、安装和配置 MyEclipse 等开发环境。

知识拓展

1. JSP 技术简介

JSP 技术是 J2EE 的一个关键技术，它在更高一级的层次上抽象 Servlet。它可以让常规静态 HTML 与动态产生的内容相结合，看起来像一个 HTML 网页，却作为 Servlet 来运行。JSP 技术是用 Java 开发服务器端应用的主要技术，是开发商务应用表示端的标准。Java 开发者喜欢使用它有多种原因，其一是 Java 语言容易学习；其二是实现了“一次编写，到处实现”。更为重要的是，如果遵循一些良好的设计原则的话，就可以把表示和内容相分离，创造出高质量、可以复用、易于维护和修改的应用程序。

2. JSP 工作原理

JSP 文件看起来就像一个普通静态 HTML 文件，只不过里面包含了一些 Java 代码。它使用.jsp 的后缀，用来告诉服务器这个文件需要特殊处理。当我们访问一个 JSP 页面的时候，这个文件首先会被 JSP 引擎翻译为一个 Java 源文件，其实就是一个 Servlet，并进行编译，然后像其他 Servlet 一样，由 Servlet 引擎来处理。Servlet 引擎装载这个类，处理来自客户的请求，并把结果返回给客户，如图 1-51 所示。

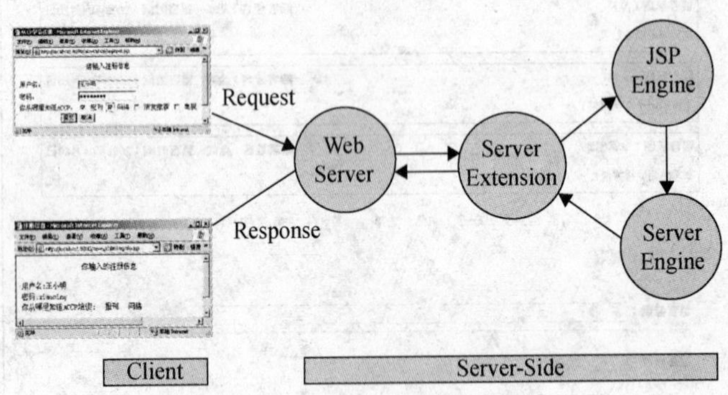

图 1-51 调用 JSP 页面的流程

JSP 引擎直接调用已经装载的 Servlet。如果已经做过修改的话，那么会再次执行以上过程，翻译、编译并装载。首次访问的时候要执行一系列以上的过程，以后访问就不会了。

3. Java Web 开发模式

JSP 技术规范中给出了两种使用 JSP 开发 Web 应用的方式，这两种方式可以归纳为模型一和模型二，这两种模型的主要差别在于它们处理业务的流程不同。模型一如图 1-52 所示，称之为 JSP+JavaBean 模型。在这一模型中，JSP 页面独自响应请求并将处理结果返回给客户，所有的数据通过 JavaBean 来处理，JSP 实现页面的表现。

从图 1-52 可以看出，模型一也实现了页面表现和业务逻辑相分离。然而这种方式需要在 JSP 页面使用大量的 Java 代码，当处理的业务逻辑很复杂时，这种情况会变得非常糟糕，大量嵌入式代码使整个页面程序变得异常复杂。所以，模型一不能满足大型应用的需要。但是由于该模型简单，不用涉及诸多要素，所以可以很好地满足小型应用的需要，在简单应用中可以考虑采用模型一。

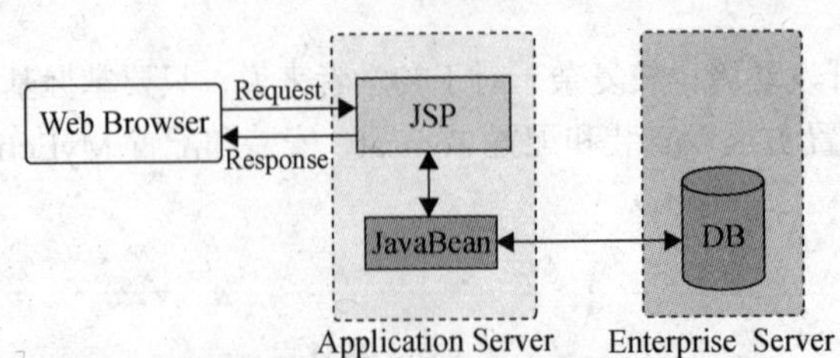

图 1-52 JSP 模型一

模型二如图 1-53 所示，称之为 JSP+Servlet+JavaBean 模型。这一模型结合了 JSP 和 Servlet 技术，充分利用了 JSP 和 Servlet 两种技术原有的优势。这个模型使用 JSP 技术来表现页面，使用

Servlet 技术完成大量的事务处理，使用 Bean 来存储数据。Servlet 用来处理请求的事务，充当一个控制者的角色，并负责向客户发送请求。它创建 JSP 需要的 Bean 和对象，然后根据用户请求的行为，决定将哪个 JSP 页面发送给客户。

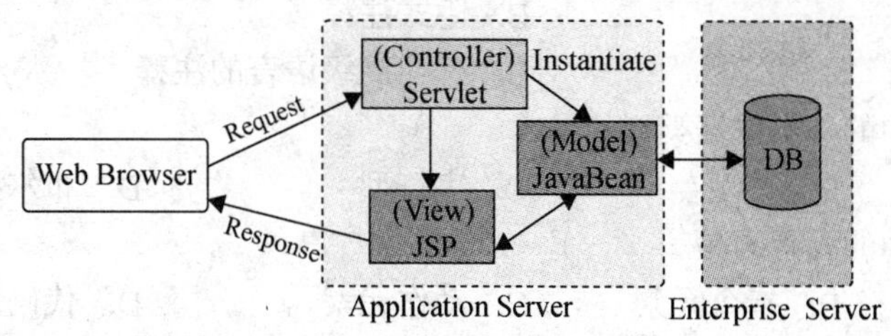

图 1-53 JSP 模型二

从开发的观点看，模型二具有更清晰的页面表现、清楚的开发角色划分，可以充分利用开发团队中的网页设计人员和 Java 开发人员。这些优势在大型项目中表现得尤为突出，网页设计人员可以充分发挥自己的美术和设计才能来充分表现页面，程序编写人员可以充分发挥自己的业务逻辑处理思维，实现项目中的业务处理。

另外，从设计结构来看，这种模型充分体现了模型—视图—控制器（MVC）的设计架构。事实上，现存的很多开发框架都是基于这种模型的，例如 Apache Struts 框架和 Java Server Faces 框架。

1.6 实战练习

一、填空题

1. JSP 把_________作为默认的脚本语言。
2. 声明变量就是在_________和_________标记之间放置 Java 的变量声明语句。
3. 基本上所有的 JSP 动态部分都是以_________开始，到_________结束，两者之间就是 JSP 动态内容。
4. JSP 的语法元素主要包括：_________、_________、_________、_________和_________。
5. 程序设计有 3 种基本控制结构，分别是：_________、_________和_________。
6. _________也称为代码片段，它是一个有效的 Java 程序段。
7. 输出到浏览器端的注释格式为_________；服务器端的 JSP 注释格式为_________。
8. JSP 中的基本数据类型有 4 类：_________、_________和_________、_________。
9. 在 JSP 中函数的定义必须放在_________。
10. if 条件语句有 3 种使用形式：_________、_________和_________。
11. _________动作元素允许将请求转发到其他的 HTML 文件、JSP 文件或者一个程序段。
12. 循环结构可分为“当”型循环结构与“直到”型循环结构，while 是_________型循环结构，do…while 是_________型循环结构。
13. 数组是具有_________的元素组成的有序的数据集合。
14. page 指令的_________属性指明想要引入的包和类。
15. 在 JSP 的 3 种指令中，用来定义与页面相关属性的指令是_________；用于在 JSP 页面中包含另一个的指令是_________；用来定义一个标签库及其自定义标签前缀的指令是_________。

二、选择题

1. 下列不属于 JSP 中的注释符的是（　　）。

   A. <!—注释内容—>　　　B. /*注释内容*/

C. //注释内容　　D. /**注释内容**/

2. “注释部分的内容能被 JSP 引擎解释，将在客户端的 HTML 文件的源代码中产生同样的注释信息，但不在 HTML 页面上显示”指的是（　　）。

A. 显示注释　　B. 隐式注释

C. JSP 专用注释　　D. 任何高级语言的注释

3. 下列不属于 JSP 中的基本数据类型的是（　　）。

A. 对象型　　B. 整型　　C. 字符型　　D. 布尔型

4. 下列不属于 JSP 中的元素的是（　　）。

A. 脚本元素　　B. 指令元素　　C. 动作元素　　D. 代码元素

5. 下列是 JSP 中的“逻辑与”运算符的是（　　）。

A. and　　B. &　　C. &&　　D. ‖

6. （　　）用来设置整个 JSP 页面的相关属性及功能。

A. page 指令　　B. include 指令

C. taglib 指令　　D. 以上都是

7. JSP 页面能够通过（　　）来包含其他 JSP 文件、HTML 文件或文本文件。

A. page 指令　　B. include 指令

C. taglib 指令　　D. 以上都是

8. （　　）动作将客户端发来的请求重定向到另一个 JSP、Servlet 或 HTML 文件中。

A. <jsp:useBean>　　B. <jsp:include >

C. <jsp:forward >　　D. <jsp:plugin>

9. page 指令用于定义 JSP 文件中的全局属性，下列关于该指令用法的描述不正确的是（　　）。

A. page 指令作用于整个 JSP 页面

B. 可以在一个页面中使用多个 page 指令

C. 为增强程序的可读性，建议将 page 指令放在 JSP 文件的开头，但不是必需的

D. page 指令中的属性只能出现一次

10. page 指令的（　　）属性用于引用需要的包或类。

A. extends　　B. import　　C. isErrorPage　　D. language

三、实战任务

任务 1：根据文中提供的网址，下载 JDK 1.6，安装并配置。

任务 2：根据文中提供的网址，下载 Tomcat 6.0，安装并配置。

任务 3：根据文中提供的网址，下载 My Eclipse 3.4.2，安装并配置。

任务 4：在搭建好的开发环境下，编写一个简单的 Java Web 应用程序，并编译和运行，观察页面效果。

第2章 使用JSP的脚本与指令

本章主要讲解JSP的基本语法，主要包括JSP脚本元素、JSP指令和JSP动作标签。通过学习，掌握JSP页面的基本构成元素，掌握JSP页面的属性设置方法和JSP页面间的包含与跳转。

2.1 工作任务与技能目标

工作任务

（1）编写包含JSP声明、表达式和脚本程序的Web页面。

（2）使用page、include、taglib指令设置Web页面。

（3）使用include、forward动作标签实现Web页面间的包含和跳转。

技能目标

（1）正确使用JSP脚本编写Web页面。

（2）正确使用JSP指令设置Web页面。

（3）正确使用JSP动作标签实现Web页面间的包含和跳转。

（4）培养Java Web程序的调试能力。

2.2 JSP脚本

任务一：使用声明

【任务描述】

使用JSP声明编写一个JSP程序，实现字符串的截取功能，如果字符串长度超过20个字符，则截取超出部分，在字符串尾部添加“...”符号。

【工作目标】

通过学习，能够正确使用JSP声明在程序中定义变量和方法。

【任务分析】

JSP声明是一段Java源代码，用来定义类的属性和方法，声明后的属性和方法可以在该JSP文件的任何地方使用。

JSP 声明的语法格式如下。

```
<%! Java 定义语句 %>
```

例如，下面是在 JSP 中声明变量和方法的代码。

```
<%! Int num=0;%>
<%! Float a,b,c;%>
<%! Student stu1=new Student();%>
<%! String getName(){ return "SNOW"}%>
```

以上代码声明了将要在 JSP 程序中用到的变量和方法。在 JSP 程序中变量和方法必须先声明后使用，否则会出错。在声明语句中，可以一次性声明多个变量和方法，只要以“;”结尾，并且这些声明在 Java 中是合法的语法。

说明：

- 声明必须以“;”结尾（Scriptlet 有同样的规则，但是表达式就不需要）。
- 可以直接使用被包含进来的已经声明的变量和方法，不需要对它们重新进行声明。
- 一个声明仅在一个页面中有效。如果想每个页面都用到一些声明，最好把它们写成一个单独的文件，然后用<%@ include%>或<jsp:include>元素包含进来。

【关键步骤】

（1）启动 Eclipse，新建 Web 项目，命名为“chap02”。

（2）新建 JSP 文件“sample2_1.jsp”，使用 JSP 声明编写 subStr 方法，把一个长度超过 20 的字符串，截去多出部分，并在字符串尾部添加字符串“...”。代码如下。

```
<%@ page language="java" import="java.util.*" pageEncoding="GBK"%>
<%!
    //声明一个变量
    String str="Object-oriented programming";
    //声明一个字符串截取的方法
     public String subStr(String str){
          if(str==null || "".equals(str))
                 return "";
          if(str.length()>20)
                 return str.substring(0,20)+"...";
          else
                 return str;
     }
 %>
<html>
  <head>
    <title>JSP 中声明的使用</title>
  </head>
  <body>
  <h3>原字符串是: <%=str%></h3>
  <h3>截取后字符串是: <%=subStr(str)%></h3>
</body>
</html>
```

（3）启动 Tomcat 服务器后，部署“chap02”项目，在 IE 地址栏中输入“http://localhost:8080/chap02/sample2_1.jsp”。运行结果如图 2-1 所示。

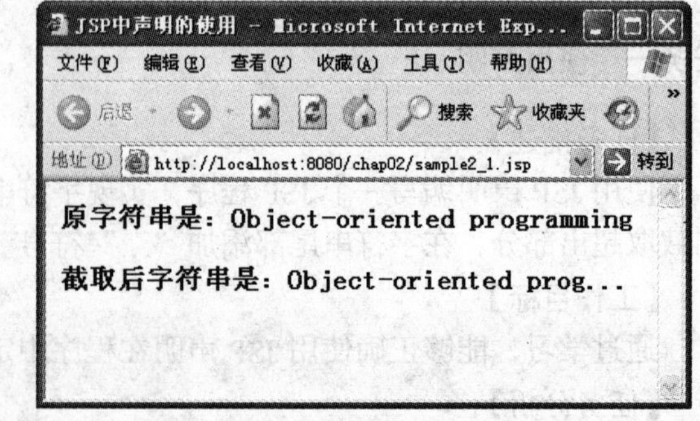

图 2-1 sample2_1.jsp 程序运行结果

任务二：使用表达式

【任务描述】

使用 JSP 表达式编写一个 JSP 程序，在页面上显示系统的当前日期。

【工作目标】

通过学习，能够在 JSP 文件中正确使用表达式。

【任务分析】

JSP 表达式在 JSP 请求处理阶段进行运算，运算所得的结果转换成字符串，并与模板数据组合在一起。表达式在页面的位置就是该表达式计算结果显示的位置。

JSP 表达式的语法格式如下。

```
<%=Java 表达式/变量 %>
```

例如，下面是在 JSP 中使用表达式的代码。

```
<%=str%>
<%="a"+"b"%>
<%=30*20%>
```

上面这些表达式相当于下面 3 行 Java 源代码语句。

```
out.println(str);
out.println("a"+"b");
out.println(30*20);
```

表达式元素表示的是一个在脚本语言中被定义的表达式，在运行后被自动转化为字符串，然后插入到这个表达式在 JSP 文件的位置显示。因为这个表达式的值已经被转化为字符串，所以能在一行文本中插入这个表达式。

说明：

- 不能用分号“;”来作为表达式的结束符。
- 表达式必须是一个合法的 Java 表达式。
- 表达式必须有返回值，且返回值被转换为字符串。
- 表达式也可以作为其他 JSP 元素的属性值。一个表达式可能由一个或多个表达式组成，这些表达式的计算顺序是从左到右。

【关键步骤】

（1）启动 Eclipse，打开已有的 Web 项目“chap02”。

（2）新建 JSP 文件“sample2_2.jsp”，使用 JSP 表达式，在页面上显示当前系统日期，代码如下。

```
<%@ page language="java" import="java.util.*" pageEncoding="GBK"%>
<html>
  <head>
    <title>JSP 中表达式的使用 </title>
  </head>
  <body>
   今天是 : <%=new Date() %>
  </body>
</html>
```

（3）启动 Tomcat 服务器后，部署“chap02”项目，在 IE 地址栏中输入“http://localhost:8080/chap02/sample2_2.jsp”，程序的运行结果如图 2-2 所示。

图 2-2 sample2_2.jsp 程序运行结果

任务三：使用脚本程序

【任务描述】

使用 JSP 脚本编写一个 JSP 程序，在页面中输出当前的年月日。

【工作目标】

通过学习，能够正确编写 JSP 脚本程序。

【任务分析】

JSP 脚本程序是在 JSP 页面中使用“<%”与“%>”标记起来的一段 Java 代码。在脚本程序中可以定义变量、调用方法和进行各种表达式运算，且每行语句后面要加入分号。在脚本程序中定义的变量在当前的整个页面内都有效，但不会被其他的线程共享，当前用户对该变量的操作不会影响到其他的用户。当变量所在的页面关闭后就会被销毁。

JSP 脚本的语法格式如下。

```
<% Java 代码 %>
```

例如，下面是在 JSP 中的脚本程序代码。

```
<% n++; %>
<% Student s=new Student ();
  s.show();
%>
```

脚本程序的使用比较灵活，实现的功能是 JSP 表达式无法实现的。一个脚本程序能够包含多个 JSP 语句、方法、变量以及表达式，可以完成如下功能。

- 声明将要用到的变量或方法。
- 编写 JSP 表达式。
- 使用任何隐含的对象和任何用<jsp:useBean>声明过的对象。
- 编写 JSP 语句。
- 任何文本、HTML 标记和 JSP 元素必须在脚本程序之外。
- 当 JSP 接收到客户的请求时，脚本程序就会被执行，如果脚本中有要显示的内容，这些要显示的内容就被存到 out 对象中。

【关键步骤】

（1）启动 Eclipse，打开已有的 Web 项目“chap02”。

（2）新建 JSP 文件“sample2_3.jsp”，使用 JSP 脚本在页面中输出当前是何年何月何日，代码如下。

```
<%@ page language="java" import="java.util.*, java.text.*" pageEncoding="GBK" %>
<html>

    <head><title>输出当前日期</title></head>

<body>

欢迎光临！ <br>今天是

<%
```

```
SimpleDateFormat formater = new SimpleDateFormat("yyyy 年 MM 月 dd 日");

String strCurrentTime = formater.format(new Date());
out.print(strCurrentTime);
%>
</body>
</html>
```

（3）启动 Tomcat 服务器后，部署“chap02”项目，在 IE 地址栏中输入“http://localhost: 8080/chap02/sample2_3.jsp”。程序的运行结果如图 2-3 所示。

图 2-3 sample2_3.jsp 程序运行结果

2.3 JSP 指令

JSP 指令用来设置与整个 JSP 网页相关的属性，如网页的编码方式和脚本语言等。JSP 指令不会产生任何的输出到当前的输出流中。

JSP 指令的一般语法格式如下。

```
<%@ directive {attr="value"}* %>
```

在起始符号“%@”之后与结束符号“%”之前，可以加空格。但是，在起始符号中的“<”与“%”之间、“%”与“@”之间，以及结束符号“%”与“>”之间不能有任何空格。属性值两边的双引号可以替换为单引号。引号标记不能完全省略。在属性中含引号字符时，需要使用左斜杠“\”进行转义。

任务四：使用加载指令

【任务描述】

使用加载指令（include）实现在 JSP 页面中加载网站的“Logo.html”静态页面文件，加载“sample2_1.jsp”、“sample2_3.jsp”动态页面文件。

【工作目标】

通过学习，能够正确运用加载指令（include）将 HTML 文件或 JSP 页面嵌入到另一个 JSP 页面中，从而实现代码的重用。

【任务分析】

加载指令（include）用于在 JSP 页面中静态包含一个文件，该文件可以是 JSP 页面、HTML 页面、文本文件或一段 Java 代码。在主页面“转换为 servlet 前”将 JSP 代码插入，被包含的页面发生更改的时候，主页面也会更新。

加载指令（include）的语法格式如下。

```
<%@ include file="文件名"%>
```

其中，file 属性用来设置要嵌入到当前 JSP 文件中的 JSP 文件 URL 地址。

例如，<%@ include file="head.jsp"%>该语句表示要把 head.jsp 页面嵌入到当前页面中。

说明：

- 在被包含的文件中不要使用和主页重复的 HTML 标签，这样会影响原 JSP 文件中同样的标签，导致错误。
- 因为原文件和被包含文件可以互相访问彼此定义的变量和方法，所以要避免变量和方法在命名上同名的问题。

【关键步骤】

（1）启动 Eclipse，打开已有的 Web 项目“chap02”。

（2）新建 JSP 文件“sample2_4.jsp”，使用加载指令（include）实现在 JSP 页面中加载 JSP 页面、HTML 页面，代码如下。

```
<%@ page language="java" import="java.util.*" pageEncoding="GBK"%>
<%@ include file="/logo.html"%>
<html>
  <body>
  <br/>
<CENTER><%@ include file="/sample2_3.jsp"%> </CENTER>
<hr/>
<CENTER><%@ include file="/sample2_1.jsp"%> </CENTER>
  </body>
</html>
```

（3）启动 Tomcat 服务器后，部署“chap02”项目，在 IE 地址栏中输入“http://localhost:8080/chap02/sample2_4.jsp”。程序的运行结果如图 2-4 所示。

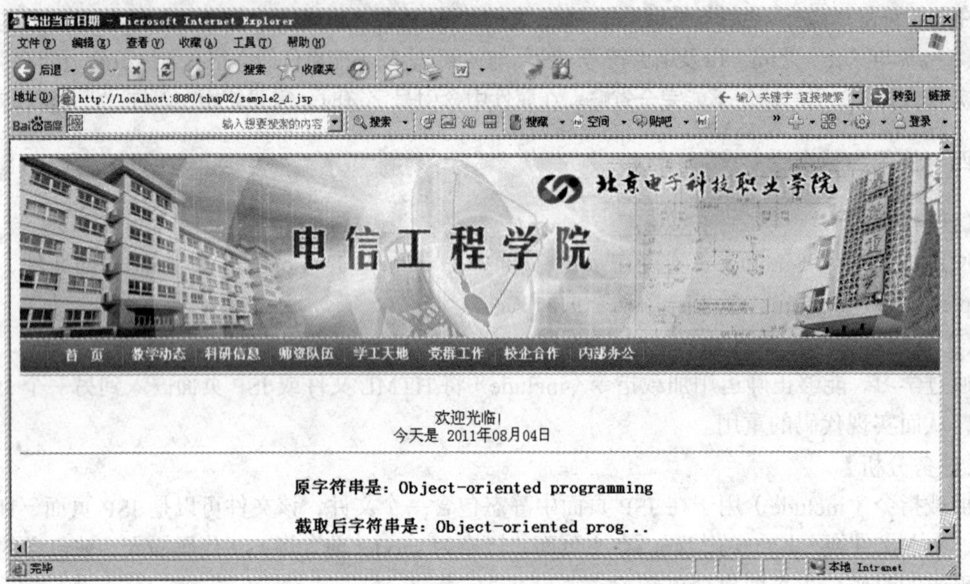

图 2-4 sample2_4.jsp 程序运行结果

任务五：使用页面指令

【任务描述】

使用页面指令（page）指定页面出错的错误处理页面，并使页面的中文信息能正常显示。

【工作目标】

通过学习，能够正确运用页面指令（page）实现 JSP 页面相关属性的设置，实现页面相关的指示信息的描述。

【任务分析】

page 指令作用于整个 JSP 页面，定义了许多与页面相关的属性，这些属性将被用于和 JSP 容器通信，描述了和页面相关的指示信息。在一个 JSP 页面中，page 指令可以出现多次，但是该指令中的属性只能出现一次，重复的属性设置将会覆盖前面的属性设置。

页面指令（page）的语法格式如下。

```
<%@ page  attr1="value1" attr2="value2" ... %>
```

page 指令有 13 个属性，如表 2-1 所示。

表 2-1　page 指令的属性

序号	属　　性	描　　述
1	Language="scriptingLanguage"	用于指定在脚本元素中使用的脚本语言，默认为 Java。在 JSP 2.0 规范中，只能是 Java
2	Import="importList"	用于导入脚本环境中可以使用的包或类。默认情况下，如果未指定包，则将导入 java.lang.*、javax.servlet.*和 javax.servlet.jsp.* 包，属性值是以逗号分隔的导入列表
3	contentType="mimecodeinfo"	用于设置发送到客户端文档的响应报头的 MIME 类型和字符编码
4	pageEncoding="codeinfo"	用于指定JSP页面的字符编码。如果没设置该属性，JSP页面使用contentType属性指定的字符编码。如果两个属性都没设，则 JSP 页面使用“ISO-8859-1”字符编码
5	Session="true|false"	用于指定在 JSP 页面中是否可以使用 Session 对象。默认值是 true。如果存在已有会话，则预定义 session 变量，绑定到已有会话中。否则创建新会话将其绑定到 session。设置为 false 并不是禁用会话跟踪，它只是阻止 JSP 页面为不拥有会话的用户创建新会话
6	buffer="none|sizekb"	用于指定 out 对象（JspWriter）使用的缓冲区大小，以 kb 为单位，默认为 8kb。none 表示不使用缓冲区，所有输出直接通过 Servlet Response 的 PrintWriter 对象输出
7	autoFlush="true|false"	用于控制当缓冲区满了后，是自动清空输出缓冲区（默认 true），还是在缓冲区溢出后抛出异常（false）。在 buffer=none 的时候，autoFlush=false 是错误的
8	info="info_text"	用于指定页面的相关信息，该信息可以通过调用 servlet 中的 getServletInfo 方法获取
9	errorPage="error_url"	用来指定一个 JSP 页面，由该页面来处理当前页面中抛出但没有捕获的任何异常。指定的页面可以通过 exception 变量访问异常信息。如果一个页面通过该属性定义了专有的错误页面，那么在 web.xml 文件中定义任何错误页面都不会被使用
10	isErrorPage=" true|false "	表示当前页是否可以作为其他 JSP 页面的错误页面，选项为 true 或 false
11	isThreadSafe=" true|false "	控制由 JSP 页面生成的 servlet 是否允许并发访问（默认 true 允许）
12	extends="info_text"	用于指定 JSP 页面转换后的 Servlet 类从哪个类继承，属性的值是完整的限定类名。通常不需要使用这个属性，JSP 容器会提供转换后的 Servlet 类的父类
13	isELlgnored="true|false"	用于指定在 JSP 页面中是否执行或忽略 EL 表达式。true 表示忽略，false 表示执行 默认值依赖于 web.xml 的版本。servlet2.3 之前默认 true，servlet2.4 默认 false

【关键步骤】

（1）启动 Eclipse，打开已有的 Web 项目“chap02”。

（2）新建 JSP 文件“sample2_5.jsp”，使用页面指令（page）指定页面出错的错误处理页面，代码如下。

```
<%@ page language="java" import="java.util.*" errorPage="error.jsp" pageEncoding="GBK"%>
<html>
```

```
<body>
大家都知道，零不能做除数 <br>
在程序设计时，如果出现零作除数的现象，程序将产生异常 <br>
我们可以指定一个 JSP 页面，由该页面来处理当前页面中抛出但没有捕获的任何异常 <br> 下面我们在程序中设置一个除法异常，大家观察页面运行效果，体会 errorPage 属性的作用<br>
<%=100/20 %>
</body>
</html>
```

（3）启动 Tomcat 服务器后，部署“chap02”项目，在 IE 地址栏中输入“http://localhost:8080/chap02/sample2_5.jsp”。程序的运行结果如图 2-5 所示。

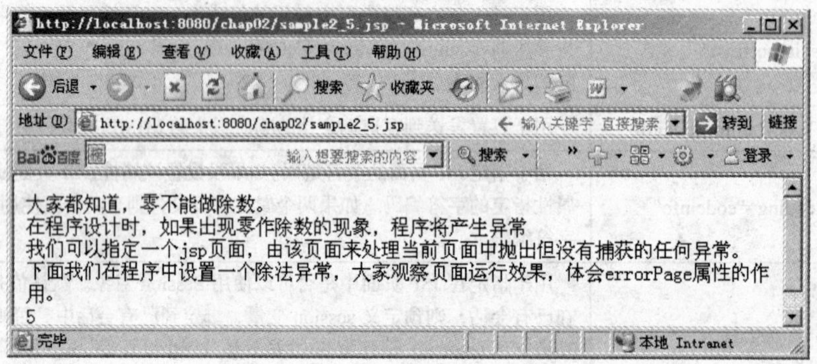

图 2-5　sample2_5.jsp 程序运行结果

对 sample2_5.jsp 程序稍作改动，将<%=100/20 %>改为<%=100/0 %>，保存并重新运行，程序的运行结果如图 2-6 所示。

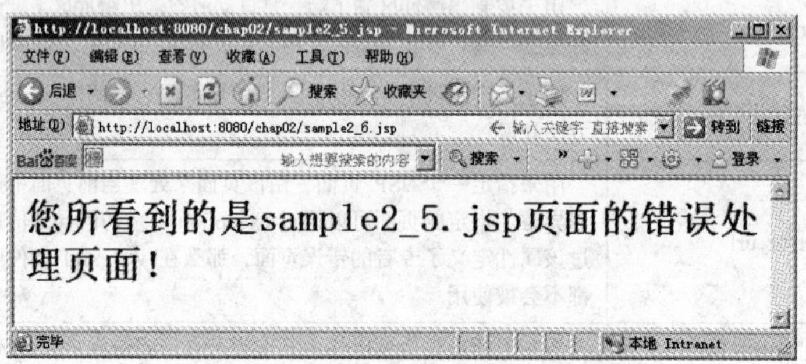

图 2-6　sample2_6.jsp 程序运行结果

通过观察运行效果，可以发现，页面显示的是 error.jsp 的内容。sample2_6.jsp 程序运行时发生除法异常，进而转向该页面的错误处理页面 error.jsp。两个页面中的中文信息能够正常显示，得意于 pageEncoding="GBK"的正确设置。

2.4 JSP 动作标签

任务六：使用 include 动作标签

【任务描述】

使用 include 动作实现在 JSP 页面中加载网站的 Logo.html 静态页面文件，加载 sample2_1.jsp、sample2_3.jsp 动态页面文件。

【工作目标】

通过学习，能够正确运用 include 动作将 HTML 文件或 JSP 页面嵌入到另一个 JSP 页面中，从而实现代码的重用。

【任务分析】

include 动作标签用来在 JSP 页面中动态包含一个文件,这样包含页面程序与被包含页面的程序是彼此独立的，互不影响。被包含的页面可以是一个动态文件（JSP 文件），也可以是一个静态文件（如文本文件）。如果包含的是一个静态文件，就直接输出给客户端，由客户端的浏览器负责显示；如果包含的是一个动态文件，则由 Web 服务器负责执行，把执行后的结果返回给客户端显示出来。

include 动作标签的语法格式如下。

```
<jsp:include page="{relativeURL|<%= expression%>}" flush="true"/>
```

或者

```
<jsp:include page="{relativeURL|<%= expression%>}" flush="true">
      <jsp:param name="paramname1" value="parameterValue1"/>
……
      <jsp:param name=" paramnameN" value=" parameterValueN"/>
</jsp:include>
```

其中，page 属性用来设置要动态包含的文件 URL 地址或者代表文件 URL 地址的表单式。

flush 属性的值默认是 false，必须设为 true，不能使用 false。

<jsp:param>子句可以传递一个或多个参数给动态文件，并且在一个页面中使用多个<jsp:param>子句传递多个参数。

例如：以下是 include 动作标签的常用方法。

```
<jsp:include page="logo.html"/>
<jsp:include page="/index.jsp"/>
<jsp:include page="jsp/count.jsp"/>
<jsp:include page="login.jsp">
<jsp:param name="username" value="yhxzxb" />
</jsp:include >
```

说明：

- 如果不需要参数传递，include 动作标签的两种语法格式是一样的，如果需要传递参数，则必须使用第二种格式。
- include 动作标签和 include 指令不同，前者是动态包含，如果被包含的页面是动态文件，将会把执行后的结果返回给客户端；后者是静态包含，包含文件与被包含文件组合形成一个文件，再由 Web 服务器执行。

【关键步骤】

（1）启动 Eclipse，打开已有的 Web 项目“chap02”。

（2）新建 JSP 文件 sample2_7.jsp，使用 include 动作标签实现在 JSP 页面中加载 JSP 页面、HTML 页面，代码如下。

```
<%@ page language="java" import="java.util.*" pageEncoding="GBK"%>
<html>
  <body>
```

```
    <jsp:include page="/logo.html"/>
    <br/>
  <CENTER><jsp:include page="/sample2_3.jsp"/> </CENTER>
  <hr/>
  <CENTER><jsp:include page="/sample2_1.jsp"/> </CENTER>
    </body>
  </html>
```

（3）启动 Tomcat 服务器后，部署“chap02”项目，在 IE 地址栏中输入“http://localhost: 8080/chap02/sample2_7.jsp”。程序的运行结果如图 2-7 所示。

图 2-7 sample2_7.jsp 程序运行结果

任务七：使用 forward 动作标签

【任务描述】

使用 forward 动作标签实现根据随机数的大小调转到不同的页面。

【工作目标】

通过学习，掌握使用 forward 动作标签实现页面跳转方法。

【任务分析】

forward 动作标签用来重定向网页，即从当前网页的 forward 动作标签处转向执行另一个网页程序。forward 动作标签的语法格式如下。

```
<jsp: forward page="{relativeURL|<%= expression%>}" />
```

或者

```
<jsp: forward page="{relativeURL|<%= expression%>}" >
      <jsp:param name="paramname1" value="parameterValue1"/>
......
      <jsp:param name=" paramnameN" value=" parameterValueN"/>
</jsp: forward >
```

其中，page 属性用来设置要转向的文件 URL 地址或者代表文件 URL 地址的表单式。

<jsp:param>子句可以传递一个或多个参数给动态文件，并且在一个页面中使用多个<jsp:param>子句传递多个参数。

例如：以下是 forward 动作标签的常用方法。

```
<jsp: forward page="logo.html"/>
<jsp: forward page="/index.jsp"/>
<jsp: forward page="jsp/count.jsp"/>
<jsp: forward page="login.jsp">
<jsp:param name="username" value="yhxzxb" />
</jsp: forward >
```

说明：页面之间的重定向也可以在 Java 程序片中使用 response.sendRedirect（目的 URL）方法来实现。

【关键步骤】

（1）启动 Eclipse，打开已有的 Web 项目“chap02”。

（2）新建 JSP 文件 sample2_8.jsp，使用 forward 动作标签实现根据随机数大小跳转到不同页面的效果，代码如下。

```
<%@ page language="java" import="java.util.*" pageEncoding="GBK"%>
<html>
  <head>
    <title>jsp:forward 测试</title>
  </head>
  <body>
   <h3><font color="red">jsp:forward 动作标签测试</font></h3>
   <%
      int i=(int)(Math.random()*10);
      if(i>=5){
    %>
               <jsp:forward page="bigNum.html"></jsp:forward>
    <%
    }else{
     %>
                <jsp:forward page="samllNum.html"></jsp:forward>
    <%} %>
  </body>
</html>
```

（3）启动 Tomcat 服务器后，部署“chap02”项目，在 IE 地址栏中输入“http://localhost:8080/chap02/sample2_8.jsp”。程序的运行结果如图 2-8 所示。

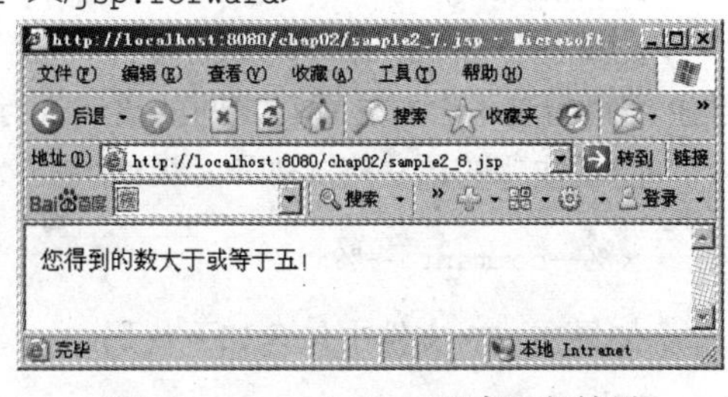

图 2-8 sample2_8.jsp 程序运行结果

2.5 JSP 注释

任务八：编写一个带注释的 JSP 程序

【任务描述】

编写一个 JSP 页面，要求含有 HTML 注释和隐藏注释。

【工作目标】

学会在 JSP 文件中根据具体的编程需要使用 HTML 注释和隐藏注释。

【任务分析】

在 JSP 语法规范中，可以使用两种格式的注释：一种是 HTML 注释，一种是隐藏注释。两种注释在语法规则和产生的结果上略有不同。

1. HTML 注释

HTML 注释是能在客户端源文件中显示的一种注释，注释内的所有 JSP 脚本元素、指令和动作正常执行，也就是说编译器会扫描注释内的代码行。

HTML 注释的语法格式如下。

```
<!-comment [<%=expression %>] -->
```

如果在 JSP 文件中包含如下代码：

```
<!-- This file displays the user's information -->
```

则在客户端（浏览器）的 HTML 源代码中产生和上面一样的数据。

如果在 JSP 文件中包含如下代码：

```
<!-- This page was loaded on <%= (new java.util.Date()).toString() %> -->
```

则在客户端（浏览器）的 HTML 源代码中显示为：

```
<!-- This page was loaded on 2011-07-01 14:38:26 -->
```

可以在 HTML 注释中使用任何有效的 JSP 表达式。表达式是动态的，当用户第一次调用该页面或该页面后来被重新调用时，该表达式将被赋值。JSP 引擎对 HTML 注释中的表达式执行完后，其执行的结果将直接插入到表达式显示的地方。然后该结果和 HTML 注释中的其他内容被一起输出到客户端。

说明：

- JSP 中的 HTML 注释与 HTML 脚本中的注释格式完全一致，但是输出的内容有所不同。JSP 的 HTML 注释除了可以输出静态注释内容外，还可以输出表达式的结果。
- 通过 IE 浏览器“查看”菜单中的“源文件”可以查看到 HTML 注释信息。

2. 隐藏注释

隐藏注释在 JSP 编译时被忽略掉，注释内的所有 JSP 脚本元素、指令和动作都将不起作用。JSP 编译器是不会对注释符之间的语句进行编译的，它不会显示在客户端（浏览器）。

隐藏注释的语法格式如下。

```
<%--comment --%>
```

如果在 JSP 文件中包含如下代码：

```
<%-- 在页面源代码中，这个注释是看不见的 --%>
```

则在客户端（浏览器）的 HTML 源代码中查看不到上面的数据。

JSP 引擎对隐藏注释不作任何处理。隐藏注释既不发送到客户端（浏览器），也不在客户端（浏览器）的 JSP 页面中显示。在客户端（浏览器）查看源文件时也看不到。因此，如果想在 JSP 页面源程序中写文档说明时隐藏注释，是很有用的。

说明：在 JSP 注释中，不能使用--%>，但是如果一定要使用的话，可以通过使用--%\>来避开。

【关键步骤】

（1）启动 Eclipse，打开已有的 Web 项目“chap02”。

（2）新建 JSP 文件 sample2_9.jsp，编写一个含有 HTML 注释和隐藏注释的 JSP 页面，代码如下。

```
<%@ page language="java" import="java.util.*" pageEncoding="GBK"%>
<html>
<head>
<title>注释测试</title></head>
<body>
 <h2>注释测试</h2>
  <!-- 在页面源代码中，这个 HTML 注释是看得见的！ -->
  <!-- 在页面源代码中，这个值为"hello"的表达式的 HTML 注释是看得见的！
     <%= new String("hello") %>     -->
  <%-- 在页面源代码中，这个隐藏注释是看不见的！ --%>
  <%-- 在页面源代码中，隐藏注释即使包含了 JSP 表达式，在客户端也是看不到的！
     <%= new String("hello") %>    --%>
 </body>
</html>
```

（3）启动 Tomcat 服务器后，部署“chap02”项目，在 IE 地址栏中输入“http://localhost:8080/chap02/sample2_9.jsp”。程序的运行结果如图 2-9 所示。

观察图 2-9 可知，无论哪种注释在页面都不会显示。通过 IE 浏览器“查看”菜单中的“源文件”菜单命令，可以查看到客户端页面源文件的内容，如图 2-10 所示，在源文件中只有 HTML 注释显示出来，而隐藏注释不被发送到客户端，所以没有任何显示。

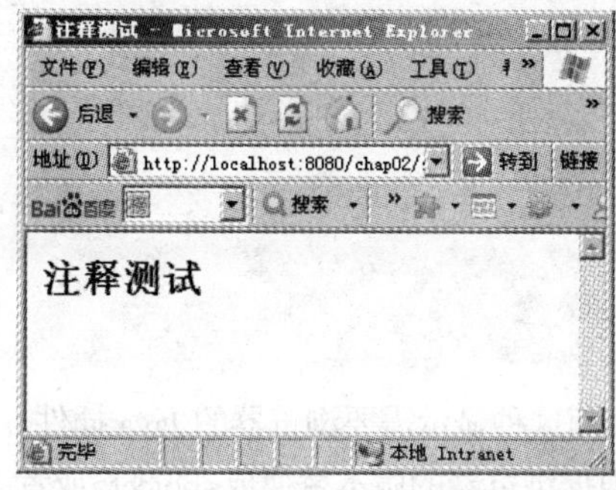

图 2-9　sample2_9.jsp 程序运行结果

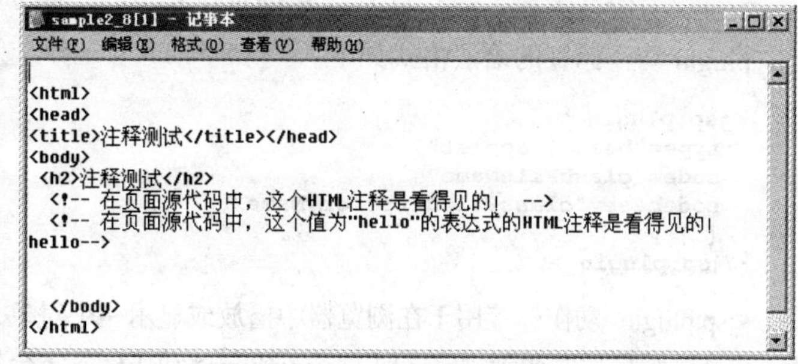

图 2-10　客户端源文件内容

2.6　本章小结

技能回顾

本章向读者详细介绍了 JSP 的脚本元素和主要指令。JSP 脚本元素包括声明、表达式和程序脚本。JSP 编译指令主要有页面指令（page）和包含指令（include）。JSP 动作指令主要有 include 动作和 forward 动作。主要内容如下。

- JSP 声明是一段 Java 源代码，用来定义类的属性和方法，声明后的属性和方法可以在该 JSP 文件的任何地方使用。
- JSP 表达式在 JSP 请求处理阶段进行运算，运算所得的结果转换成字符串，并与模板数据组合在一起。表达式在页面的位置就是该表达式计算结果显示的位置。
- JSP 脚本程序是在 JSP 页面中使用“<%”与“%>”标记起来的一段 Java 代码。
- JSP 指令用来设置与整个 JSP 网页相关的属性，如网页的编码方式和脚本语言等。JSP 指令不会产生任何的输出到当前的输出流中。JSP 常用指令有 3 种类型：page、include 和 taglib。

- include 动作标签用来在 JSP 页面中动态包含一个文件，这样包含页面程序与被包含页面的程序是彼此独立的，互不影响。被包含的页面可以是一个动态文件（JSP 文件），也可以是一个静态文件（如文本文件）。
- forward 动作标签用来重定向网页，即从当前网页的 forward 动作标签处转向执行另一个网页程序。

知识拓展

1. 标签库指令(taglib)

taglib 指令：声明用户使用自定义的标签，将标签库描述符文件导入到 JSP 页面。

taglib 指令的语法格式如下。

<%@ taglib (uri="tigLibURL" 或 tagDir="tagDir") prefix="tagPrefix" %>

uri 属性：定位标签库描述符的位置。唯一标识和前缀相关的标签库描述符，可以使用绝对或相对 URL。

tagDir 属性：指示前缀将被用于标识在 WEV-INF/tags 目录下的标签文件。

prefix 属性：标签的前缀，区分多个自定义标签。不可以使用保留前缀和空前缀，遵循 XML 命名空间的命名约定。

2. plugin 动作标签

<jsp:plugin>动作标签用来在页面中插入 Applet 或者 JavaBean。执行一个 Applet 或者 JavaBean，有时还需要下载一个 Java 插件来执行。

plugin 动作标签的语法格式如下。

```
<jsp:plugin
  type="bean | applet"
  code="classFileName"
  codebase="classFileDirectoryName"
  [...]
</jsp:plugin >
```

<jsp:plugin>动作标签用于在浏览器中播放或显示一个对象，而这种显示需要浏览器的 Java 插件。当.jsp 文件编译后发送到浏览器时，<jsp:plugin>动作标签将会根据浏览器的版本替换成<object>或者<embed>元素。注意，<object>用于 HTML4.0，<embed>用于 HTML3.2。一般来说，<jsp:plugin>动作标签会指定对象是 Applet 还是 JavaBean，同样也会指定 class 的名字、位置、下载 Java 插件的地址。

<jsp:plugin>动作标签的常用属性如表 2-2 所示。

表 2-2 <jsp:plugin>动作标签的常用属性

序号	属　性	描　述
1	type = “bean | applet”	插件将执行的对象的类型。必须在 bean 或 applet 中指定一个，因为这个属性没有缺省值
2	class= “classFileName”	插件将执行的 Java 类文件的名称。在名称中必须包含扩展名，且此文件必须在用“codebase”属性指明的目录下
3	codebase=“classFileDirectoryName”	包含插件将运行的 Java 类的目录或指向这个目录的路径，缺省为此 JSP 文件的路径
4	name= “instanceName”	Bean 或 applet 的实例名称，使得被同一个 JSP 文件调用的 bean 或 applet 之间的通信成为可能
5	archive = “URLToArchive,…”	以逗号分隔的路径名列表是那些用以 codebase 指定的目录下的类装载器预装载的存档文件所在的路径名。通常，这些存档文件通过网络被安全地加载，可以显著地提高 applet 的性能

2.7 实战练习

一、填空题

1. __________是一段在客户端请求时需要先被服务器执行的 Java 代码，它可以产生输出，并把输出发送到客户的输出流，同时也可以是一段流控制语句。
2. 在 JSP 的 3 种指令中，用来定义与页面相关属性的指令是__________；用于在 JSP 页面中包含另一个文件的指令是__________；用来定义一个标签库以及其他自定义标签前缀的指令是__________。
3. __________动作元素允许在页面被请求的时候包含一些其他资源，如一个静态的 HTML 文件或动态的 JSP 文件。
4. page 指令的 MIME 类型的默认值为 text/html，默认字符集为__________。
5. JSP 程序中的隐藏注释格式为__________。
6. JSP 容器也称为__________。
7. 如果需要在 JSP 页面内某处整体嵌入一个文件，就可以考虑使用__________静态导入标记和__________动态导入标记。
8. JSP 的英文全称是__________。
9. __________动作元素被用来以“name=value”的形式为其他元素提供附件信息。
10. __________动作元素被用来在页面中插入 Applet 或者 JavaBean 对象。

二、选择题

1. 下列关于 JSP 指令的描述正确的是（　　）。
   A. 指令以“<%@”开始，以“%>”结束
   B. 指令以“<%”开始，以“%>”结束
   C. 指令以“<”开始，以“>”结束
   D. 指令以“<jsp:”开始，以“/>”结束
2. JSP 代码<%=“1+4”%>将输出（　　）。
   A. 1+4　　B. 5
   C. 14　　D. 不会输出，因为表达式是错误的
3. 下列选项中，（　　）是正确的表达式。
   A. <%!Int a=0;%>　　B. <%!int a=0;%>　　C. <% =(3+5);%>　　D. <% =(3+5)%>
4. page 指令用于定义 JSP 文件中的全局属性，下列关于该指令用法的描述不正确的是（　　）。
   A. <%@page%>作用于整个 JSP 页面
   B. 可以在一个页面中使用多个<%@page%>指令
   C. 为了增强程序的可读性，建议将<%@page%>指令放在 JSP 文件的开头，但不是必须的
   D. <%@page%>指令中的所有属性只能出现一次
5. page 指令的（　　）属性用于引用需要的包或类。
   A. Extends　　B. Import　　C. isErrorPage　　D. language
6. 下列选项中，不全属于 JSP 页面构成元素的是（　　）。
   A. 静态内容、表达式、JSP 动作　　B. 声明、Scriptlet、JSP 指令
   C. 注释、声明、表达式　　D. Scriptlet、表达式、HTTP
7. 使用（　　）生成页面的静态内容。
   A. JavaBean　　B. Servlet　　C. HTML　　D. Java 代码

8. 下列选项中，(　　) 是正确的并且客户端不能查看到的隐藏注释。
   A. <—注释-->　　B. <! —注释-->　　C. <%--注释--%>　　D. <%!--注释--%>
9. page 指令的 language 属性的作用是 (　　)。
   A. 定义 JSP 页面的字符编码　　B. 定义 JSP 页面的 MIME 类型
   C. 定义 JSP 页面中使用的脚本语言　　D. 定义 JSP 页面的描述信息
10. 网页服务默认的端口号是 (　　)，我们可以通过 HTTP 地址加上端口号来访问网站。
   A. 8100　　B. 8080　　C. 9000　　D. 80

三、实战任务

任务 1：编写一个 JSP 页面，用于显示从 1～100 的所有整数，并显示这些数的和。

任务 2：编写一个 JSP 页面和一个 Java 类 Student.java，把下列信息封装到 3 个 Student 对象中，再把每个对象放入一个 ArrayList 对象里，再利用 ArrayList 对象在 JSP 页面的表格中显示如表 2-3 所示的信息。

表 2-3　显示学生的相关信息

学　号	姓　名	性　别	班　级	成　绩
001	西施	女	01 网络	68
002	潘金莲	女	02 软件	55
003	西门庆	男	03 多媒体	78

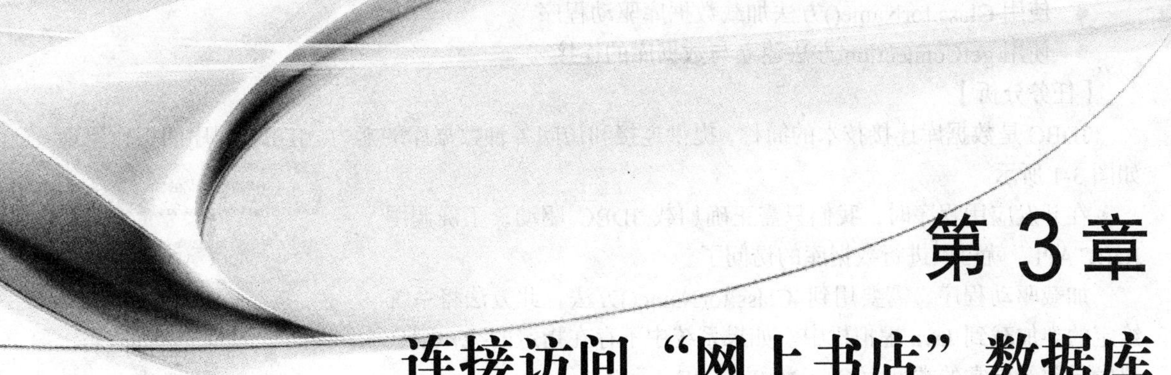

第 3 章 连接访问“网上书店”数据库

本章重点讲解JSP数据库编程的基础知识和JDBC应用，包括JDBC概念，使用JDBC连接数据库的方法，数据库记录的查询操作、插入操作、删除操作、修改操作等相关操作。运用JSP数据库编程技术连接“网上书店”数据库，实现主页的用户注册功能和特价图书、新品图书的显示功能。运用PreparedStatement对象有效防止SQL注入。

3.1 工作任务与技能目标

工作任务

（1）创建“网上书店”Web项目。

（2）连接“网上书店”数据库。

（3）实现“网上书店”的用户注册功能。

（4）实现“网上书店”特价图书和新品图书的显示。

技能目标

（1）学会使用JDBC-ODBC桥连接方式连接数据库。

（2）学会使用纯Java方式连接SQL Server数据库。

（3）能够熟练编写Web系统中的数据库增加、删除、修改和查询程序。

（4）掌握JDBC连接数据库方法，能够使用纯Java方式连接其他类型数据库。

3.2 连接数据库

任务一：使用JDBC-ODBC连接数据库

【任务描述】

利用JDBC-ODBC建立与Microsoft SQL Server 2005中Webstore数据库的连接，若连接成功，在页面输出“连接数据库成功”，否则输出“连接数据库失败”。

【工作目标】

- 理解JDBC-ODBC的工作原理
- 正确配置ODBC数据源

- 使用 Class.forName()方法加载数据库驱动程序
- 使用 getConnection 方法建立与数据库的连接

【任务分析】

JDBC 是数据库连接技术的简称，提供连接和访问各种数据库的能力。JDBC 程序的工作原理如图 3-1 所示。

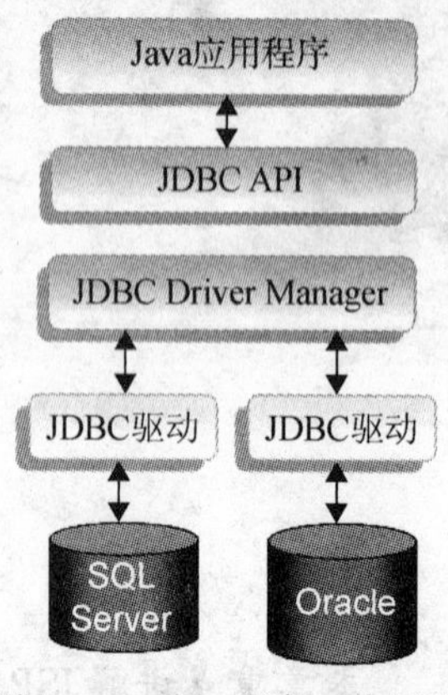

图 3-1 JDBC 程序工作原理

在开发应用程序时，我们只需正确加载 JDBC 驱动，正确调用 JDBC API，就可以进行数据库的访问了。

加载驱动程序，需要用到 Class.forName()方法，此方法将系统给定的类加载到 Java 虚拟机中。如果系统中不存在指定的类，则会引发异常，异常的类型为 ClassNotFoundException。

当前有两种常用的驱动程序，第一种是 JDBC-ODBC 桥连接，适用于个人的开发与测试，它通过 ODBC 与数据库进行连接。另外一种是纯 Java 驱动方式，它直接同数据库进行连接，在生产型开发中，推荐使用纯 Java 驱动方式。

一般来讲,使用 JDBC 开发数据库的应用可以分为下面 5 个步骤。

1. JDBC-ODBC 桥连

JDK 中已经包含了 JDBC-ODBC 的驱动，驱动类的名称如下。

```
sun.jdbc.odbc.JdbcOdbcDriver
```

加载驱动的示例代码如下。

```
try{
  Class.forName("sun.jdbc.odbc.JdbcOdbcDriver");
  } catch (ClassNotFoundException ce) {
          System.out.print(ce);
   }
```

要使用桥连方式，需要首先配置数据源。配置数据源的主要步骤如下。

（1）在“开始”菜单—“程序”—“管理工具”下面选择数据源，打开“ODBC 数据源管理器”对话框，如图 3-2 所示。

（2）选择“系统 DSN”选项卡，单击“添加”按钮，出现“创建新数据源”对话框，如图 3-3 所示。

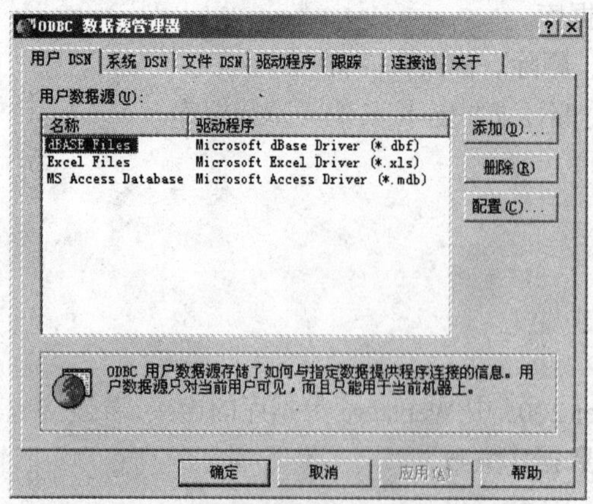

图 3-2 “ODBC 数据源管理器”对话框

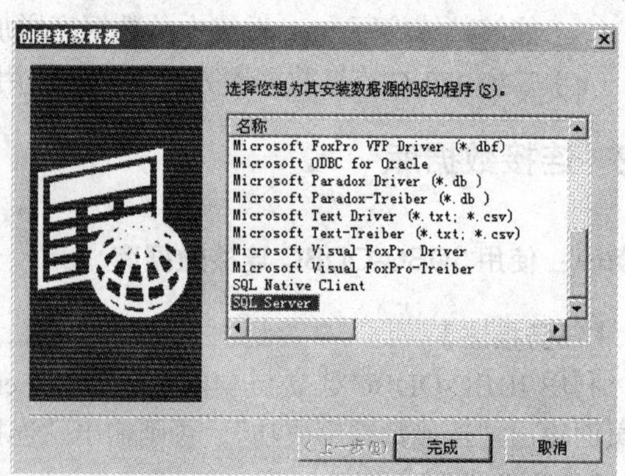

图 3-3 “创建新数据源”对话框

（3）选择“SQL Server”，单击“完成”，出现“创建到 SQL Server 的新数据源”对话框，如

图 3-4 所示，输入数据源的名称和服务器名称。

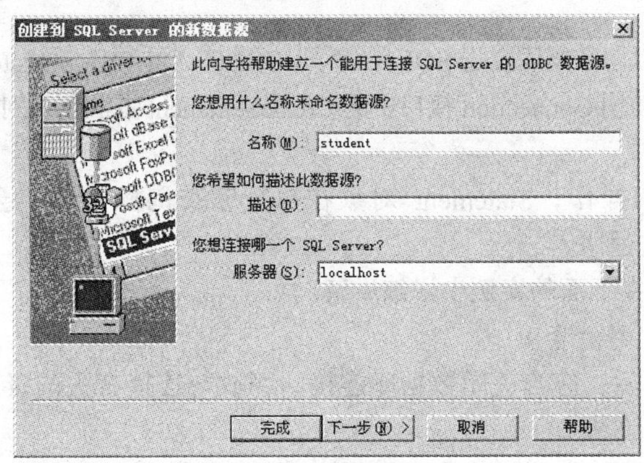

图 3-4　创建数据源

（4）单击“下一步”，选择验证方式后，单击“下一步”，更改默认数据库为想要连接的数据库，如图 3-5 所示。

（5）单击“下一步”，打开的对话框显示默认配置，单击“完成”，打开“ODBC Microsoft SQL Server 安装”对话框，如图 3-6 所示，单击“测试数据源”，可以查看数据源是否配置成功。测试成功后，单击“确定”按钮，数据源名称出现在“系统 DSN”选项卡中。至此，数据源配置成功。

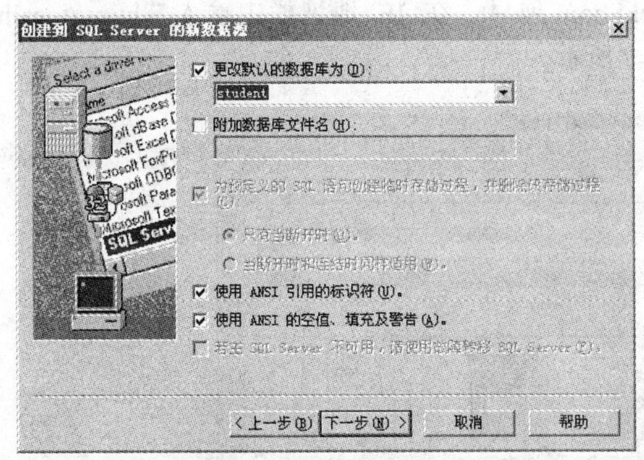

图 3-5　选择数据库

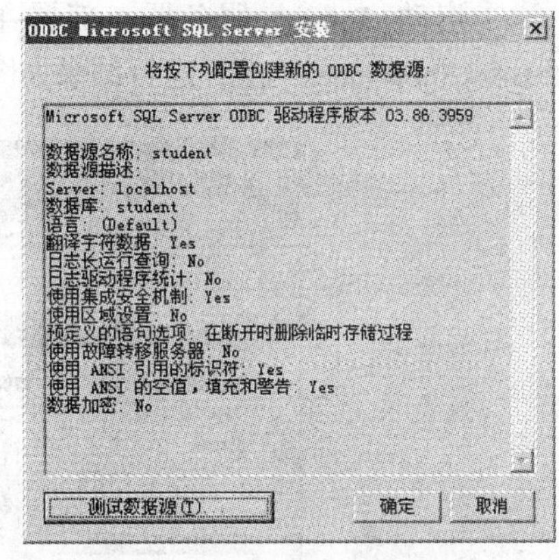

图 3-6　测试连接

2. 建立与数据库的连接

在装载了驱动程序后，使用 DriverManager 类的静态方法 getConnection(),建立到给定数据库的连接。该方法接受 3 个参数，分别为数据库连接字符串、用户名和密码，用户名和密码是可选的。数据库连接字符串提供标识数据库的方法，是 JDBC 驱动程序提供的。使用不同的 JDBC 驱动，其连接字符串也是不同的。getConnection()方法将返回 Connection 接口的实例。

建立连接的示例代码如下。

```
Connection con=null;
try{
    con=DriverManager. getConnection("jdbc:odbc:webstore", "sa", "sa");
    } catch (ClassNotFoundException ce) {
            System.out.print(ce);
    }
```

其中，jdbc:odbc:webstore 是 JDBC-ODBC 桥连字符串，Webstore 是我们建立的数据源的名称。

3．发送 SQL 语句

建立连接后，就可以向数据库发送 SQL 语句了。JDBC API 提供了 Statement 接口，用于向数据库发送 SQL 语句。可以使用 Connection 接口中的 CreateStatement 方法创建对象，用于发送 SQL 语句。

4．处理结果

如果执行的是查询操作，Statement 对象在执行完查询操作后，会将查询结果以结果集（ResultSet）对象的形式返回。

步骤 3 和步骤 4 将在下面的案例中详细讲解。

5．关闭数据连接，释放资源

访问完某个数据库后，应当关闭数据库连接，释放与连接有关的资源。关闭连接可以使用 connection 对象的 close 方法。

【关键步骤】

（1）启动 MyEclipse，新建 Web 项目，命名为 BookShop。

（2）打开“网上书店原型”目录，依次修改该目录下的 html 文件，在文件开头添加如下代码：<%@ page language="Java" import="Java.util.*" pageEncoding="GBK"%>，确保页面中文显示正常，并另存为.jsp 文件。然后，将所有内容拷贝到 BookShop 项目的 webroot 目录下。

（3）在 MyEclipse 环境下，右击 BookShop 项目，单击弹出式菜单中的“Refresh”，刷新 BookShop 项目，这时可以看到“网上书店原型”目录的所有内容都被添加到了 BookShop 项目中。

（4）启动 Tomcat 服务器，部署 BookShop 项目，在 IE 地址栏中输入“http://localhost:8080/BookShop/index.jsp”，运行结果如图 3-7 所示。

图 3-7　index.jsp 运行结果

（5）右击 webroot 目录，新建文件夹“chap03”，在该文件夹下新建 JSP 文件“sample3_1.jsp”，利用 JDBC-ODBC 桥接方式连接“网上书店”的数据库 webstore，编写如下代码，保存文件。

```
<%@ page "language= "Java " import= "Java.util.* " pageEncoding= "GBK "%>
<html>
```

```
  <head>
   <title>使用 JDBC-ODBC 桥接方式连接 webstore 数据库</title>
  </head>
  <body>
<%
  Connection con=null ;
  try{
  Class.forName(" sun.jdbc.odbc.JdbcOdbcDriver ") ;
  con=DriverManager. getConnection(" jdbc :odbc :webstore ", "sa ", "sa ") ;
  out.println(" <h2>使用 JDBC-ODBC 桥接方式连接 webstore 数据库成功! </h2> ") ;
  }
  catch (ClassNotFoundException ce) {
  out.println(" <h2>使用 JDBC-ODBC 桥接方式连接 webstore 数据库失败! </h2> ") ;
    }
 %>
  </body>
</html>
```

（6）在 IE 地址栏中输入“http://localhost:8080/BookShop/chap03/sample3_1.jsp”，运行结果如图 3-8 所示。

图 3-8 sample3_1.jsp 运行结果

任务二：使用 JDBC 驱动程序连接数据库

【任务描述】

利用纯 Java 代码建立与 Microsoft SQL Server 2005 中 webstore 数据库的连接，若连接成功，在页面输出“连接数据库成功”，否则输出“连接数据库失败”。

【工作目标】

- 理解 JDBC 的工作原理
- 下载纯 Java 连接 SQL Server 2005 的驱动程序.jar 包，并配置路径
- 使用 class.forName()方法加载驱动程序
- 使用 getConnection 方法建立连接

【任务分析】

一般来讲，使用 JDBC 开发数据库的应用可以分为下面 5 个步骤。

1. 装载纯 Java 驱动

纯 Java 驱动是由 JDBC 驱动直接访问数据库，驱动程序完全由 Java 语言编写，运行时速度快，而且具备了跨平台的特点。但是，由于这类驱动是由数据库厂商特定的，一种驱动只对应一种数据库，因此访问不同的数据库需要下载专门的驱动。本书我们使用的是 SQL Server 2005 数据库，可以从微软的官方网站下载驱动程序.jar 包。Microsoft SQL Server JDBC Driver 提供两个类库文件：sqljdbc.jar 和 sqljdbc4.jar，具体使用哪个文件取决于首选的 Java 运行时环境（JRE）的设置，详见表 3-1。

表 3-1 JDBC 驱动程序的系统要求

JAR 文件	系统支持	说明
sqljdbc.jar	该类库提供对 JDBC 3.0 的支持。 该类库要求使用 5.0 版的 Java 运行时环境（JRE）。连接到数据库时，在 JRE 6.0 上使用该类库会引发异常	JDBC 驱动程序不支持 JRE 1.4。使用 JDBC 驱动程序时必须将 JRE 1.4 升级至 JRE 5.0 或更高版本。在某些情况下，您可能需要重新编译应用程序，因为它可能与 JDK 5.0 或更高版本不兼容
sqljdbc4.jar	该类库提供对 JDBC 4.0 的支持。它包括 sqljdbc.jar 的所有功能和新增的 JDBC 4.0 方法。 该类库要求使用 6.0 或更高版本的 Java 运行时环境（JRE）。在 JRE 1.4 或 5.0 上使用该类库会引发异常	如果应用程序必须在 JRE 6.0 上运行，即使该应用程序不使用 JDBC 4.0 功能，也应使用 sqljdbc4.jar

取得.jar 包后，将.jar 包所在的路径加到 classpath 中。微软提供的连接 SQL Server 驱动类的名称为：com.microsoft.sqlserver.jdbc.SQLServerDriver，加载驱动程序的示例代码如下。

```
try{
  Class.forName("com.microsoft.sqlserver.jdbc.SQLServerDriver");
  } catch (ClassNotFoundException ce) {
          System.out.print(ce);
   }
```

2. 建立与数据库的连接

在装载了驱动程序后，使用 DriverManager 类的静态方法 getConnection()，建立到给定数据库的连接。该方法接受 3 个参数，分别为数据库连接字符串、用户名和密码，用户名和密码是可选的。数据库连接字符串提供标识数据库的方法，是 JDBC 驱动程序提供的。使用不同的 JDBC 驱动，其连接字符串也是不同的。getConnection()方法将返回 Connection 接口的实例。

纯 Java 驱动连接 SQL Server 2005:

jdbc:sqlserver://localhost:1433;DatabaseName=webstore

提示：localhost 为本机，1433 为 sql 服务的端口号，webstore 为数据库名。如果连接网络中的数据库，可以用服务器的 IP 代替 localhost，如: jdbc:sqlserver://192.168.0.17:1433; DatabaseName=webstore。

以纯 Java 驱动连接 SQL Server 数据库的示例代码如下。

```
try {
 String url="jdbc:sqlserver://localhost:1433;DatabaseName=webstore"; Connection conn=
DriverManager.getConnection (url,"sa","sa");
  } catch (SQLException ce) {
         System.out.print(ce); }
```

3. 发送 SQL 语句

建立连接后，就可以向数据库发送 SQL 语句了。JDBC API 提供了 Statement 接口，用于向数据库发送 SQL 语句。可以使用 Connection 接口中的 CreateStatement 方法创建对象，用于发送 SQL 语句。

4. 处理结果

如果执行的是查询操作，Statement 对象在执行完查询操作后，会将查询结果以结果集（ResultSet）对象的形式返回。

5. 关闭数据连接，释放资源

访问完某个数据库后，应当关闭数据库连接，释放与连接有关的资源。关闭连接可以使用

Connection 对象的 close 方法。

【关键步骤】

（1）启动 Eclipse，打开原有项目 BookShop。

（2）右击“chap03”文件夹，在该文件夹下新建 JSP 文件 sample3_2.jsp，利用纯 Java 方式连接“网上书店”的数据库 webstore，编写如下代码，保存文件。

```
<%@ page language="Java" import="Java.util.*" pageEncoding="GBK"%>
<html>
  <head>
    <title>使用 JDBC 驱动程序连接数据库</title>
  </head>
  <body>
   <%
   Connection conn=null;
   try{
   Class.forName("com.microsoft.sqlserver.jdbc.SQLServerDriver");
   String url="jdbc:sqlserver://localhost:1433;DatabaseName=webstore";
              String user="sa";
              String password="sa";
              conn=DriverManager.getConnection(url,user,password);
   out.println("<h2>使用 JDBC 驱动程序连接 sql server2005 中的数据库 webstore 成功! </h2>");
   }
   catch (ClassNotFoundException ce) {
              System.out.print(ce);
    }
    %>
  </body>
</html>
```

（3）启动 Tomcat 服务器后，部署 BookShop 项目，在 IE 地址栏中输入“http://localhost:8080/BookShop/chap03/sample3_2.jsp”，运行结果如图 3-9 所示。

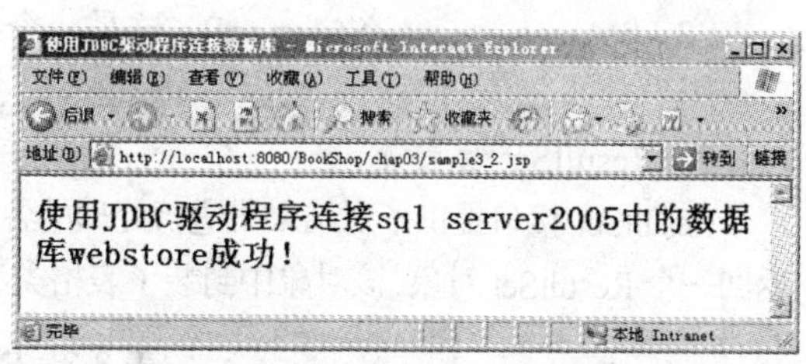

图 3-9 sample3_2.jsp 运行结果

3.3 操作数据库

任务三：查询数据

【任务描述】

在前面两个任务中，我们建立了与“网上书店”数据库 webstore 的连接，获取了 Connection 对象，接下来可以进行数据库操作了。该任务要求查询 webstore 库中 category 表的图书分类信息 CateName，并显示在 index.jsp 页面上。

【工作目标】

- 利用 Connection 对象的 createStatement()方法建立 Statement 对象。
- 利用 Statement 对象的 executeQuery()方法执行 SQL 语句进行查询，将查询结果存放到结果集 ResultSet 对象中。
- 在 JSP 页面上显示查询结果。

【任务分析】

对数据库的基本操作主要是指对数据的添加、修改、删除和查询操作。利用 Statement 接口提供的各种方法可以完成这些操作。

1. 创建 Statement 对象

可以使用 Connection 对象的 createStatement 方法，例如：

```
Statement stmt=conn.createStatement();
```

createStatement 方法可以带两个参数，来确定结果集的类型。参数类型和取值如表 3-2 所示。

表 3-2 createStatement 方法的参数

参 数	取 值	说 明
int resultSetType	ResultSet.TYPE_FORWARD_ONLY	浏览结果集时，指针只能向前（默认值）
	ResultSet.TYPE_SCROLL_INSENSITIVE	可滚动，不反映数据变化
	ResultSet.TYPE_SCROLL_SENSITIVE	可滚动，反映数据变化
int resultConcurrency	ResultSet.CONCUR_READ_ONLY	不可进行更新操作
	ResultSet.CONCUR_UPDATABLE	可进行更新操作（默认值）

2. Statement 对象执行数据操作的方法

Statement 接口提供了很多基本的数据库操作方法，下面列出了执行 SQL 命令的 3 个方法。

（1）ResultSet executeQuery(String sql)：可以执行 SQL 查询并获取 ResultSet 对象。

（2）int executeUpdate(String sql)：可以执行 Update、insert、delete 操作，返回值是执行该操作所影响的行数。

（3）boolean execute(String sql)：这是一个最为一般的执行方法，可以执行任意 SQL 语句，然后获得一个布尔值，表示是否返回 ResultSet。

3. ResultSet 结果集

ResultSet 接口提供了对结果集进行处理的各种方法。Statement 对象在执行 executeQuery 方法时会返回一个 ResultSet 对象，该对象中封装了表格类型的查询结果。该接口中常用的重要方法如表 3-3 所示。

表 3-3 ResultSet 的方法

方 法	功 能
boolean next()	指针（游标）移到下一条记录
boolean previous()	移到前一条记录
boolean first()	移到第一条记录
boolean last()	移到最后一条记录
boolean isFirst()	判断指针是否指向第一条记录
boolean isLast()	判断指针是否指向最后一条记录
boolean absolute(int n)	将指针指向参数指定的记录
String getXXX(int n | String name)	返回指定类型的字段的值
close	关闭 ResultSet 对象

其中：getXXX()用于返回结果集中当前行的某列的值。XXX 是数据类型的名称，可以是 Byte、String、Int 等。获取数据时，可以用 int n 参数指定列号，也可以用 String name 参数指定列名。

要对结果集进行滚动操作时，createStatement()方法的参数一定要设置为可滚动的结果集。

说明：使用 Statement 和 ResultSet 在对数据进行操作时，需要捕获并处理异常 SQLExceptiOn。

【关键步骤】

（1）启动 MyEclipse，打开项目 BookShop。

（2）打开 index.jsp，编码查询 webstore 库中 category 表的图书分类信息 CateName，即 executeQuery 方法执行 SQL 查询并获取 ResultSet 对象。具体代码如下所示，将粗体显示的代码嵌入 index.jsp 页面合适位置即可。

```
<TABLE cellSpacing=0 cellPadding=0 width="100%" border=0>
                    <TBODY>
                    <TR>
                      <TD class=C_Sort_Title>商品类别</TD></TR>
                    <TR height=10>
                      <TD></TD></TR>
<%
   try{
   Class.forName("sun.jdbc.odbc.JdbcOdbcDriver");
   con=DriverManager. getConnection("jdbc:odbc:webstore","sa","sa");
    Statement stmt=con.createStatement();
    String sqlstr="select * from category";
    ResultSet rs=stmt.executeQuery(sqlstr);
    while(rs.next()){
 %>
                  <TR>
                    <TD class=text> <IMG
                      src="images/cateIcon.gif" border=0> <A
                      href="select.jsp"><%=rs.getString("CateName") %></A>
                    </TD></TR>
 <%
  }
         rs.close();
         stmt.close();
         con.close();
   }
   catch (ClassNotFoundException ce) {
                out.println("<h2>使用 JDBC-ODBC 桥接方式连接 webstore 数据库失败! </h2>");
     }
  %>
</TBODY></TABLE></TD></TR>
```

（3）启动 Tomcat 服务器后，部署 BookShop 项目，在 IE 地址栏中输入“http://localhost:8080/BookShop/chap03/sample3_3.jsp”，运行结果如图 3-10 所示。

图 3-10 sample3_3.jsp 运行结果

任务四：更新数据

【任务描述】

编码实现将下面这本新书的信息添加到图书商品表 merchandise 中。

书名：Java 开发入门与项目实战，分类：计算机类，市场价：30，特价：28，出版社：人民邮电出版社，出版社日期：2010 年 2 月，图书简介：Java 语言具有面向对象、与平台无关、安全、稳定和多线程等特点，已经成为大、中型企业级网络开发的首选。本书适合作为高职高专院校计算机专业教材，也可以作为培训教材使用。

【工作目标】

- 利用 Connection 对象的 createStatement()方法建立 Statement 对象
- 利用 Statement 对象的 executeUpdate()方法执行 SQL 语句进行数据的增、删、改操作

【任务分析】

对数据的操作其实可以分为两种：更新和查询。其中，更新包括增加、删除、修改 3 种数据操作。

Statement 接口提供了很多基本的数据库操作方法，下面列出的两个方法可用于数据的更新操作。

（1）int excuteUpdate(String sql)：可以执行 Update、insert、delete 操作，返回值是执行该操作所影响的行数。

（2）boolean excute(String sql)：这是一个最为一般的执行方法，可以执行任意 SQL 语句，然后获得一个布尔值，表示是否返回 ResultSet。

我们可以编写一个 dateUpdate 方法接收用于插入、修改、删除操作的 SQL 语句，实现对数据表的数据增、删、改操作，返回结果为操作实际影响的行数。

```
public boolean dateUpdate(String sql) {
    conn = DBconn.getConnection();
    try {
        s=conn.createStatement();
        //pst = conn.prepareStatement(sql);
         int i = s.executeUpdate(sql);
         if(i!=-1){
             return true;
         }
    } catch (SQLException ce) {
        System.out.print(ce);
    } finally {
        try {
            s.close();
             conn.close();
        } catch (Exception ce) {
             ce.printStackTrace();
        }
    }
    return false;
  }
}
```

说明：在一个数据库应用程序里面，会对数据进行多次的查询和更新操作。为了更好地管理和进行代码的复用，建议将对数据的查询和更新操作封装在一个类中。

【关键步骤】

（1）启动 Eclipse，打开原有项目 BookShop。

（2）右击“chap03”文件夹，在该文件夹下新建 JSP 文件 sample3_4.jsp，利用纯 Java 方式连接“网上书店”的数据库 webstore，编写如下代码，保存文件。

```
<%@ page language="java" import="java.util.*,java.sql.*" pageEncoding="GBK"%>
<html>
  <head>
    <title>更新数据</title>
  </head>
  <body>
  <%
  try{
     Connection con=null;
     Class.forName("sun.jdbc.odbc.JdbcOdbcDriver");
     con=DriverManager. getConnection("jdbc:odbc:webstore","sa","sa");
     Statement stmt=con.createStatement();
     String sqlstr="insert into merchandise (Category, MerName, Price, SPrice, MerModel,
Picture, MerDesc, Manufacturer) values(1,'Java 开发入门与项目实战',30,28,'c1',' /Picture/
9211839-1_b.jpg','Java 语言具有面向对象、与平台无关、安全、稳定和多线程等特点，已经成为大、中型企业级
网络开发的首选。本书适合作为高职高专院校计算机专业教材，也可以作为培训教材使用。','人民邮电出版社' )";
      int i =stmt.executeUpdate(sqlstr);
      if(i!=-1)
      {
       out.println("<h2>一条图书记录成功插入数据库中！</h2>");
      }
          stmt.close();
          con.close();
  }catch (ClassNotFoundException ce) {
                out.println("<h2>记录插入失败！</h2>");
     }
 %>
  </body>
</html>
```

（3）启动 Tomcat 服务器后，部署 BookShop 项目，在 IE 地址栏中输入“http://localhost:8080/BookShop/chap03/sample3_4.jsp”，运行结果如图 3-11 所示。

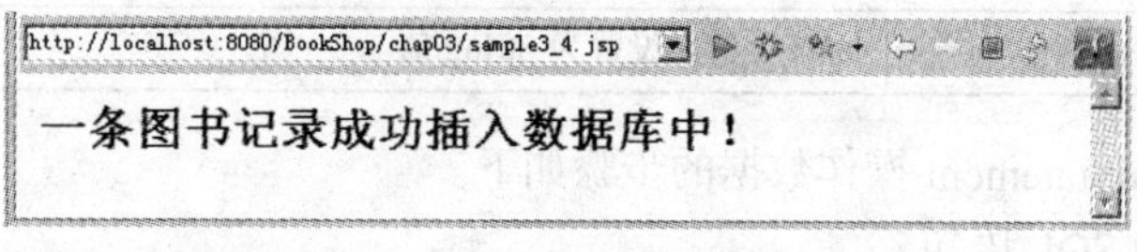

图 3-11 sample3_4.jsp 运行结果

任务五：使用预编译表达式访问数据

【任务描述】

使用 PreparedStatement 接口实现将新书添加到图书商品表 merchandise 中。

书名：Android 核心技术与实例详解，分类：计算机类，市场价：69，特价：51.8，出版社：电子工业出版社，出版社日期：2010 年 10 月，图书简介：以 Android 应用程序的开发为主题，并结合真实的案例向读者详细介绍了 Android 的基本组件的使用及应用程序开发的整个流程。

【工作目标】

- 能够使用带参数的 SQL 语句，创建 PreparedStatement 对象
- 能够正确地为 PreparedStatement 对象的输入参数赋值

● 能够使用 PreparedStatement 对象的主要方法操作数据

【任务分析】

1. PreparedStatement 接口

PreparedStatement 接口是 Statement 接口的子接口，直接继承并重载了 Statement 接口的方法，比普通的 Statement 对象使用起来更加灵活高效，主要特点如下。

（1）一个 PreparedStatement 对象中包含的 SQL 语句是预编译的，因此当需要多次执行同一条 SQL 语句时，利用 PreparedStatement 传送这条 SQL 语句可以大大提高执行效率。

（2）PreparedStatement 对象包含的 SQL 语句可以指定一个或者多个参数。这些参数的值在 SQL 语句创建时未被指定，而是为每个参数保留一个问号（“？”）作为占位符。

以下的代码段（其中 conn 是 Connection 对象）创建包含两个输入参数的 SQL 语句的 PreparedStatement 对象。

```
PreparedStatement prst=conn.preparedStatement(update student set studname=? Where
studid=?)
```

在执行带参数的 SQL 语句之前，必须通过调用 PreparedStatement 对象的 setXXX 方法设置每个参数（“？”）的值，其中 XXX 是跟参数相应的数据类型一致，如 setInt、setString 等。setXXX 方法需要两个参数，第一个参数是要设置的输入参数的序数位置，从 1 开始计数；第二个参数是设置给输入参数的值，例如：

```
setString(1,"王楠");
setString(2,"200801");
```

2. 使用 PreparedStatement 操作数据

（1）PreparedStatement 同 Statement 一样，提供了多种操作数据库的方法，主要方法如表 3-4 所示。

表 3-4　PreparedStatement 接口的常用方法

方　法	功能描述
Boolean execute()	执行任何 SQL 语句，返回布尔值，决定是否返回结果集
ResultSet executeQuery()	执行 SQL 查询语句，返回查询结果集
int executeUpdate()	执行 SQL 更新语句，返回影响的记录行数
void setInt(int x,int y)	将第 x 参数设置为 int 值
void setString(int x,String y)	将第 x 参数设置为 String 值

（2）使用 PreparedStatement 操作数据的步骤如下。

● 创建带参数的 SQL 语句
● 生成 PreparedStatement 对象
● 设置参数
● 执行方法，操作数据

【关键步骤】

（1）启动 Eclipse，打开原有项目 BookShop。

（2）右击“chap03”文件夹，在该文件夹下新建 JSP 文件 sample3_5.jsp，利用纯 Java 方式连接“网上书店”的数据库 webstore，编写如下代码，保存文件。

```
<%@ page language="java" import="java.util.*,java.sql.*" pageEncoding="GBK"%>
<html>
  <head>
    <title>使用预编译表达式访问数据</title>
```

```
    </head>
    <body>
    <%
    try{
      Connection con=null;
      Class.forName("sun.jdbc.odbc.JdbcOdbcDriver");
      con=DriverManager. getConnection("jdbc:odbc:webstore","sa","sa");
      String sqlstr="insert into merchandise (Category, MerName, Price, SPrice, MerModel, Picture, MerDesc, Manufacturer) values(?,?,?,?,?,?,?,? )";
      PreparedStatement pstm=con.prepareStatement(sqlstr);
      pstm.setInt(1,1);
      pstm.setString(2,"Android核心技术与实例详解");
      pstm.setFloat(3,69);
      pstm.setDouble(4,51.8);
      pstm.setString(5,"c1");
      pstm.setString(6,"/Picture/android.jpg");
      pstm.setString(7,"以Android应用程序的开发为主题，并结合真实的案例向读者详细介绍了Android的基本组件的使用及应用程序开发的整个流程。");
      pstm.setString(8,"电子工业出版社 ");
      int i =pstm.executeUpdate();
      out.println("<h2>一条图书《Android核心技术与实例详解》记录成功插入数据库中！</h2>");
      pstm.close();
      con.close();
    }catch (ClassNotFoundException ce) {
      out.println("<h2>记录插入失败！</h2>");
      }
   %>
    </body>
  </html>
```

（3）启动 Tomcat 服务器后，部署 BookShop 项目，在 IE 地址栏中输入“http://localhost:8080/BookShop/chap03/sample3_5.jsp”，运行结果如图 3-12 所示。

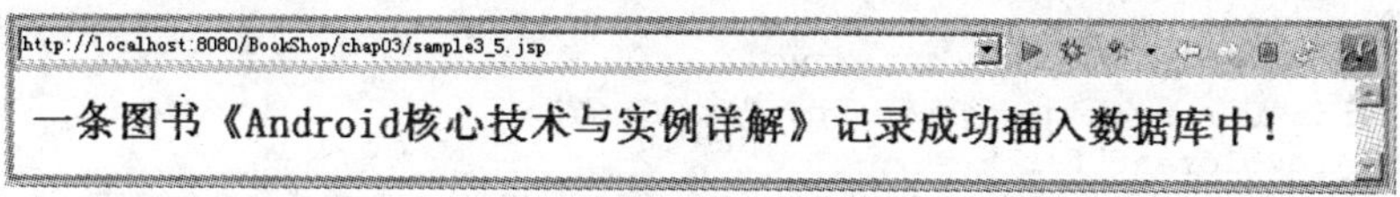

图 3-12　图书添加成功

打开 SQL Server 2005 数据库中的表 merchandise，可以观察到成功添加的《Android 核心技术与实例详解》图书记录，如图 3-13 所示。

id	Categ...	MerName	Price	SPrice	MerModel	Picture	MerDesc	Manufacturer	LeaveFactoryD...	Special
1	1	JavaScript 高级...	45	34	c1	Picture/9211839...	JavaScript是目...	人民邮电出版社	2009-4-21 0:00:00	1
2	1	Ajax实战	65	0	c2	Picture/9161326...	本书是目前Aja...	人民邮电出版社	2009-4-21 0:00:00	0
3	1	CSS基础教程	54	43	c3	Picture/2000279...	本书是优秀的C...	机械工业出版社	2002-4-9 0:00:00	0
4	1	精通CSS：高级...	44	33	c3	Picture/9221944...	本书将最有用...	机械工业出版社	2004-4-15 0:00:00	0
6	3	新编考研英语...	65	0	e1	Picture/2051167...	本书对历年真...	机械工业出版社	2000-5-10 0:00:00	0
7	3	奥巴马演说集	65	54	e2	Picture/2052529...	本书中共收录...	科学出版社	2006-4-12 0:00:00	1
8	4	藏地密码6	45	33	n1	Picture/2051667...	从来没有一本...	科学出版社	2006-4-12 0:00:00	1
9	4	身份的证明	55	0	n2	Picture/2037309...	本书超越了一...	文艺出版社	2009-4-8 0:00:00	0
10	2	巴菲特教你读...	75	0	m4	Picture/2052293...	金融传奇天才...	文艺出版社	2002-3-20 0:00:00	0
11	4	货币战争	56	45	m9	Picture/9304959...	为什么你不知...	清华大学出版社	2005-3-16 0:00:00	1
12	4	贫民窟的百万...	66	45	n6	Picture/2052534...	十八岁的酒吧...	文艺出版社	2009-4-9 0:00:00	1
13	4	士兵突击	36	0	n5	Picture/9255064...	这真的不是一...	文艺出版社	2009-4-9 0:00:00	0
14	2	领导力是什么	66	0	m5	Picture/9250656...	《领导力是什...	文艺出版社	2009-4-9 0:00:00	0
15	2	管理是什么	56	50	m8	Picture/8768781...	本书是过去1...	商务出版社	2009-1-14 0:00:00	1
16	1	Java开发入门...	30	28	c1	Picture/java_yh...	Java语言具有...	人民邮电出版社	2010-2-10 0:00:00	1
29	1	Android核心技...	69	52	c1 ...	/Picture/android...	以Android应用...	电子工业出版...	NULL	NULL

图 3-13　图书记录被添加到数据库中

3.4 完善“网上书店”功能

任务六：实现用户注册功能

【任务描述】

用户注册是用户管理的前提，只有成功注册的用户登录后才可以购书，从而达到系统管理的目的。编程实现“网上书店”系统中的用户注册功能。

【工作目标】

- 能够正确使用纯 Java 方式连接 SQL Server 数据库
- 能够熟练使用 JSP 语句实现数据库中记录的增加功能

【任务分析】

用户注册的一般过程为：首先根据输入的用户名查询是否存在该用户，如果该用户不存在，则将用户添加到数据库中；否则提示该用户存在。所以，在数据库访问操作中必须包含查询用户信息、添加用户信息两种操作。

【关键步骤】

（1）启动 Eclipse，打开原有项目 BookShop。

（2）右击 webroot 文件夹，打开该文件夹下的 JSP 文件 register.jsp，修改此注册文件中的 Form 表单 action 属性值为 registerAction.jsp，保存文件，代码如下。

```
  ......
  <FORM style="MARGIN: 0px" name=memberForm onsubmit="return validateMemberForm(this);"
action = "registerAction.jsp" method=post>
       <TABLE cellSpacing=1 cellPadding=0 width="100%" bgColor=#ffffff
         border=0><TBODY>
         <TR>
           <TD colSpan=2 height=80><IMG
           src="images/icon_register.gif"></TD></TR>
         <TR bgColor=#f7f3f7>
           <TD class=text align=right width=260 height=26>会员级别: </TD>
           <TD height=26>
                  <SELECT name=memberlevel>
                         <option value="1">普通会员</option>
                         <option value="2">黄金会员</option>
                         <option value="3">白金会员</option>
                         <option value="4">钻石会员</option>
                  </SELECT>
         ......
```

（3）右击 webroot 文件夹，在该文件夹下新建 JSP 文件 registerAction.jsp，编写如下代码，保存文件。

```
  <%@ page language="java" import="java.util.*,java.sql.*" pageEncoding="GBK"%>
  //获得用户注册信息
     request.setCharacterEncoding("GBK");
     int merlevel = Integer.parseInt(request.getParameter("memberlevel"));
     String mername = request.getParameter("memberName");
     String lgname = request.getParameter("loginName");
     String lgpwd = request.getParameter("loginPwd");
     String merphone = request.getParameter("phone");
     String meraddress = request.getParameter("address");
     String merzip = request.getParameter("zip");
     String meremail = request.getParameter("email");
```

```
   //使用 JDBC-ODBC 方式连接数据库
  try{
     Connection con=null;
     Class.forName("sun.jdbc.odbc.JdbcOdbcDriver");
     con=DriverManager. getConnection("jdbc:odbc:webstore","sa","sa");
  Statement stmt=con.createStatement();
  //判断用户是否已经注册，若不存在，则将新用户添加到数据库中，否则提示用户存在
   String sqlstr= " select * from member where MemberName =' "+ mername+ " ' " ;
   ResultSet rs= stmt. executeQuery(sqlstr) ;
   If( !rs.next() ) {
  //将注册信息添加到数据库用户表
  sqlstr= "insert into member (Memberlevel, LoginName, LoginPwd, MemberName, Phone, Address, Zip,Email) values(" +merlevel+ ",' "+lgname+ "',' "+lgpwd+ "',' "+mername+ "',' "+merphone+ "',' "+meraddress+ "',' "+merzip+ "',' "+meremail+ "') " ;
      int i =stmt.executeUpdate(sqlstr) ;
      if(i !=-1)
      {
      response.sendRedirect(" index.jsp ") ;
      }
  } else
       { out.println(" <h2>用户已经存在! </h2> ") ;
  }
      stmt.close() ;
      con.close() ;
    }catch (ClassNotFoundException ce) {
      out.println(" <h2>记录插入失败! </h2> ") ;
      }
  %>
```

说明：Request 对象帮助我们获得用户注册信息。客户端的请求信息被封装在 Request 对象中，通过它才能了解到客户的需求，然后做出响应，详见第 4 章。

（4）启动 Tomcat 服务器后，部署 BookShop 项目，在 IE 地址栏中输入“http://localhost:8080/BookShop/register.jsp”，运行结果如图 3-14 所示。

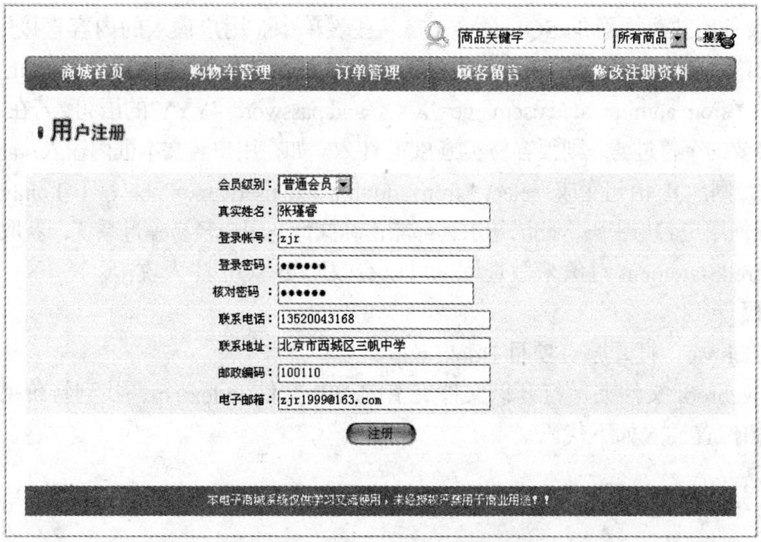

图 3-14　填写用户注册信息

在该注册页面输入用户各项信息，单击“注册”按钮，进行用户注册，如图 3-15 所示，新用户“张瑾睿”被添加到数据库中。

TTT-A2FCEED...- dbo.member | 对象资源管理器详细信息

id	Me...	Logi...	LoginPwd	Member...	Phone	Address	Zip	EMail
1	4	liuqiao	liuqiao	刘桥	13971559323	湖北省武汉市洪山区	432200	liuqiao1982@sin...
2	1	jinwu	jinwu	金武	13456754323	广东省深圳市	435567	jinwu@sina.com
3	1	hujie	hujie	胡杰	13456789067	武汉市洪山区鲁磨路	432254	hujie@sohu.com
8	3	chenlin	chenlin	陈林	13456756789	湖北省武汉市新洲区	432543	chenlin@sohu.com
11	2	guodw	guodw	郭大伟	13264029275	北京市海淀区	100098	guodw@bluewa...
15	1	yyh	123456	杨玉环	010-64316740	北京市朝阳区将台路...	100016	yyh2011@163.c...
16	4	zjr	123456	张睿睿	13520043158	北京市朝阳区望京花...	100102	zjr1999@163.com
17	1	zjr	123456	张瑾睿	13520043168	北京市西城区三帆中学	100110	zjr1999@163.com

图 3-15 用户信息成功写入数据库

任务七：实现特价图书和新品图书的显示

【任务描述】

在网站首页，将特价图书和新品图书显示出来，目的是为了使消费者能快速地了解图书信息。每本图书的基本信息也显示出来，包括图书封面、书名、作者、市场价、特价等。为了使消费者更加详细地了解图书信息和方便购物，还为每本书提供了“详细信息”和“购买”按钮。

用户单击“详细信息”按钮，可以进入该图书的详细页面；用户单击“购买”按钮，可以将该书放到购物车中。

【工作目标】

- 能够实现图书的条件查询功能
- 能够运用参数查询防止 SQL 注入攻击

【任务分析】

特价图书和新品图书的显示实质是一个图书查询过程，根据查询条件组织 SQL 查询语句，利用表达式对象发送 SQL 查询语句，在数据库中找出符合条件的图书，在页面上显示出来。在这个过程中，一定要考虑网站安全问题，防止 SQL 注入攻击。

所谓 SQL 注入式攻击，就是攻击者把 SQL 命令插入到 Web 表单的输入域或页面请求的查询字符串，欺骗服务器执行恶意的 SQL 命令。在某些表单中，用户输入的内容直接用来构造（或者影响）动态 SQL 命令，或作为存储过程的输入参数，这类表单特别容易受到 SQL 注入式攻击。

例如：select * from admin where username='XXX' and password='YYY'的语句，若在正式运行此句之前，没有进行必要的字符过滤，则很容易实施 SQL 注入。如在用户名文本框内输入：abc' or 1=1，在密码框内输入：123，则 SQL 语句变成：select * from admin where username='abc' or 1=1 and password='123'，不管用户输入任何用户名与密码，此语句永远都能正确执行，用户轻易骗过系统，获取合法身份。

使用 PreparedStatement 对象来做查询，可以有效防止 SQL 注入攻击。

【关键步骤】

（1）启动 Eclipse，打开原有项目 BookShop。

（2）右击 webroot 文件夹，打开该文件夹下的 JSP 文件 index.jsp，找到特价书显示的 HTML 代码，在合适的位置插入如下代码。

```
<%@ page language="Java" import="Java.util.*" pageEncoding="GBK"%>
......
<%
   try{
   Class.forName("sun.jdbc.odbc.JdbcOdbcDriver");
```

```
      con=DriverManager. getConnection("jdbc:odbc:webstore","sa","sa");
      Statement stmt=con.createStatement();
      String sqlstr="select * from merchandise where Special=1 ";
      ResultSet rs=stmt.executeQuery(sqlstr);
    int num=1;
      while(rs.next()){
      if(num<=3) {
           String bookname=rs.getString(3);
           String  price=rs.getString(4);
           String  sprice=rs.getString(5);
           String picture=rs.getString(7);
    %>
    // 下面带底纹的代码是图书显示的脚本
    <TD vAlign=top width="33%">
                 <TABLE cellSpacing=0 cellPadding=0 width=180 border=0>
                   <TBODY>
                    <TR>
                     <TD align=TOP>
                      <TABLE
                   style="BORDER-RIGHT: #888888 1px solid; BORDER-TOP: #888888 1px solid;
BORDER-LEFT: #888888 1px solid; BORDER-BOTTOM: #888888 1px solid"
             height=118 cellSpacing=0 cellPadding=0 width=118  align=center border=0>
                         <TBODY>
                         <TR vAlign="middle" align="center">
                           <TD><A
                             href="详细信息.htm"
                             target=_blank><IMG height=100
                             src="<%=picture %>" width=100
                             border=0>
    </A></TD></TR></TBODY></TABLE></TD></TR>
                   <TR align="center" height=30>
                     <TD><A
                       href="详细信息.htm"
                       target=_blank><SPAN
    class=blueText><%=bookname%></SPAN></A></TD></TR>
                   <TR align="center" height=20>
                     <TD class=text>市场价:  ￥<%=price%>.0</TD></TR>
                   <TR align="center" height=20>
                     <TD class=text>特 价:  ￥<%=sprice%>.0</TD></TR>
                   <TR>
                     <TD><A
                       href="详细信息.htm"><IMG
                       src="images/icon_car.gif" border=0></A> <A
                       href="购物车.htm"><IMG
                       alt="" src="images/icon_buy.gif" border=0></A>
                     </TD></TR></TBODY></TABLE></TD>
     <%
       }
       num++;
     }
           rs.close();
           stmt.close();
           con.close();
      }
      catch (ClassNotFoundException ce) {
           out.println("<h2>特价书查询显示有误! </h2>");
        }
     %>
     </TR></TBODY></TABLE><BR>
```

（3）启动 Tomcat 服务器后，部署 BookShop 项目，在 IE 地址栏中输入“http://localhost:8080 / BookShop/index.jsp”，运行结果如图 3-16 所示，显示出 3 本特价图书。

（4）新书显示方法与特价图书显示方法相同，只要修改一下查询语句即可，运行结果如图 3-17 所示。

```
String sqlstr="select * from merchandise where Special=10";
```

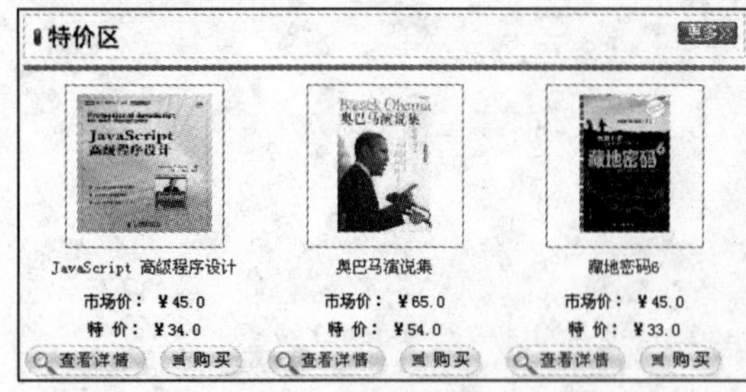

图 3-16 特价图书显示

图 3-17 新书显示

3.5 本章小结

技能回顾

本章详细讲解了 JSP 数据库编程的基础知识和 JDBC 应用，包括 JDBC 概念，使用 JDBC 连接数据库的方法，数据库记录的查询操作、插入操作、删除操作、修改操作等相关操作。主要内容如下。

- 使用 JDBC-ODBC 桥连接方式连接数据库
- 使用纯 Java 方式连接 SQL Server 数据库
- 编写 Web 系统中的数据库增加、删除、修改和查询程序
- 运用 JSP 数据库编程技术连接“网上书店”的数据库，实现主页的用户注册功能和特价图书、新品图书显示功能
- 运用 PreparedStatement 进行参数查询，有效防止 SQL 注入安全漏洞
- 了解 JDBC 连接 Oracle8、DB2 等不同类型数据库的方法
- 了解使用存储过程编写数据库程序

知识拓展

1. 用 JDBC 连接不同的数据库

JDBC 纯 Java 驱动因为具有效率高、跨平台的特点，所以应用非常广泛。但是因为驱动程序都是由数据库厂商提供的，所以不同的数据库需要装载不同的驱动程序。下载驱动程序很简单，只需按照数据库的不同版本到数据库的官方网站下载安装即可。下面简单介绍连接不同数据库的 Java 代码。

（1）Oracle8/8i/9i（thin 模式）。

```
Class.forName("Oracle.jdbc.driver.OracleDriver");
String url="jdbc:oracle:thin:@localhost:1521:orcl";       // orcl 为数据库的 SID
String user="test";
String password="test";
Connection con=DriverManager.getConnection(url,user,password);
```

（2）DB2 数据库。

```
Class.forName("com.ibm.jdbc.app.DB2Driver");
String url="jdbc:db2://localhost:5000:sample";             // sample 为数据库名
String user="admin";
```

```
String password="";
Connection con=DriverManager.getConnection(url,user,password);
```

（3）Sybase 数据库。

```
Class.forName("com.sybase.jdbc.SybDriver");
  String url="jdbc:sybase:Tds:localhost:5007/sample";            // sample 为数据库名
  Properties sysProps=System.getProperties();
sysProps.put("user","userid");
sysProps.put("password","user_password");
  Connection con=DriverManager.getConnection(url,sysProps);
```

（4）MySQL 数据库。

```
Class.forName("org.gjt.mm.mysql.Driver");
  String url="jdbc:mysql://localhost/sample?user=sa password=sa;    // sample 为数据库名
   Connection con=DriverManager.getConnection(url);
```

2. 使用 JDBC 调用数据库存储过程

【训练任务】

使用存储过程查询学生信息，根据用户输入的地址，查询相应的学生信息，并输出到控制台上。运行效果如图 3-18 所示。

<已终止> ProcDemo [Java 应用程序] C:\Program Files\Java\jdk1.6.0_08\bin\javaw
请输入要查找的地址
北京朝阳

图 3-18　使用存储过程查询学生信息运行结果

【技能要点】

- 在 SQL Server 中建立存储过程
- 利用 Connection 对象的 prepareCall 方法创建 CallableStatement 对象
- 能够正确设置输入参数和返回参数
- 调用 CallableStatement 对象的 executeQuery()方法执行查询，得到结果集对象

【任务分析】

存储过程是一组事先编译好的、能完成特定功能的 SQL 代码，可以作为一个独立的单元被应用程序调用而执行。在执行的时候不必再次进行编译，具有很高的效率。

JDBC 提供了调用存储过程的机制。

（1）CallableStatement 类。

在 Java 中利用 CallableStatement 类对象执行数据库中的存储过程。CallableStatement 对象可以通过 Connection 对象的 prepareCall()方法得到，该方法调用需要一个转义子句字符串参数。

（2）转义子句的语法格式。

- 存储过程中没有输入参数和返回参数时，格式为：

{call　存储过程名}

- 存储过程中有输入参数，没有返回参数时，格式为：

{call　存储过程名（?,?,...）}　//用问号占位符表示参数

- 存储过程中有输入参数和返回参数时，格式为：

{?　= call　存储过程名(?,?...)}

（3）设置输入参数。

利用 CallableStatement 对象的 setXXX（序号，参数值）方法设置输入参数。其中 XXX 是参数的数据类型。要注意保证参数类型和参数值的一致。

（4）设置返回参数。

利用 CallableStatement 对象的 registerOutputParameter()方法注册返回参数。

【任务准备】

在 SQL Server 2005 中，新建查询，输入下面的语句，在 student 数据库中创建名为 addrprocc 的存储过程，该存储过程需要一个输入参数，参数的类型为：nchar。

```
//在 student 数据库中创建存储过程 addrproc
use student
go
create procedure addrproc
@address nchar(30)
as
select * from student where studaddr=@address
```

【程序实现】

```
/**
 * ProcDemo 类，使用存储过程查询信息
 */
import java.sql.*;
import java.util.*;

public class ProcDemo {
        public static void main(String[] args) {
            // TODO 自动生成方法存根
        String address=null;                          //存放输入的地址
        Scanner input=new Scanner(System.in);
 try{
          Connection con=DBconn.getConnection();      //获取数据库连接
          CallableStatement callst;                   //CallableStatement 对象
          ResultSet rs;                               //结果集对象
          callst=con.prepareCall("{call addrproc(?)}");
                               //使用 Connection 对象的 prepareCall 方法调用存储过程
          System.out.println("请输入要查找的地址");
          address=input.next();
          callst.setString(1, address);               //设置输入参数
          rs=callst.executeQuery();                   //执行存储过程
          //输出查询结果为:
          while(rs.next()){
            for(int i=1;i<=6;i++){
                System.out.print(rs.getString(i).trim()+"  ");
          //此处可以用循环是因为 student 表的各个字段均是文本类型
            }
            System.out.println();
            }
        }catch(SQLException e){
            e.printStackTrace();
        }
    }
}
```

3.6 实战练习

一、填空题

1. SQL 中有 4 种基本的 DML 操作，分别是________、________、________和________。
2. ODBC 的中文含义是________________________。
3. ResultSet 类的________方法可以移动记录指针到下一条记录。
4. JDBC 中为 Statement 接口提供了 3 种执行方法，分别是________、________和________。
5. 在 JSP 中，当执行了查询操作时，一般将查询结果保存在________对象中。

6. 在 JSP 中，连接数据库的方式通常有两种：一种是________；另一种是________。
7. 加载 ODBC 驱动的语句为________________________。
8. 加载 SQL Server 2005 驱动的语句为________________________。
9. Statement 接口的________方法一般用于执行 SQL 中的 insert、update 或 delete 语句。
10. Statement 接口的________方法一般用于执行 SQL 中的 Select 语句。

二、选择题

1. 假设已经获得 ResultSet 对象，那么获取第一行数据的正确语句是（　　）。

   A. rs.hasNext()　　B. rs.next()　　C. rs.nextRow()　　D. rs.hasNextRow()

2. JDK 中提供的（　　）类的主要职能是：依据数据库的不同，管理不同的 JDBC 驱动程序。

   A. DriverManager　　B. Connection　　C. Statement　　D. Class

3. （　　）用于执行 SQL 语句并将数据检索到 ResultSet 中。

   A. Statement　　B. Connection　　C. ResultSet　　D. DriverManager

4. （　　）用于保存数据库查询的结果集。

   A. Connection　　B. Statement　　C. ResultSet　　D. PreparedStatement

5. 假定已经获得一个数据库连接，使用 con 来表示。下列语句能够正确获得结果集的有（　　）[选两项]。

   A. Statement stmt=con.createStatement();
      ResultSet rs=stmt.executeQuery(“Select * from Table1”);

   B. Statement stmt=con.createStatement(“Select * from Table1”);
      ResultSet rs=stmt.executeQuery();

   C. PreparedStatement stmt=con.createStatement();
      ResultSet rs=stmt.executeQuery(“Select * from Table1”);

   D. PreparedStatement stmt=con.createStatement(“Select * from Table1”);
      ResultSet rs=stmt.executeQuery();

6. 给定如下 Java 代码片断，假定已经获得一个数据库连接，使用 con 来表示。要从表 FirstLeveTitle 删除所有 creator 值为“张三”的记录（creator 字段的数据类型为 varchar），可以填入下划线处的代码是：（　　）。

```
String strSql="delete from FirstLeveTitle where creator=? ";
PreparedStatement pstmt=con.createStatement(strSql);

____________________
```

   A. pstmt.setString(0,“张三”);　　B. pstmt.setString(1,“张三”);

   C. pstmt.setInt(0,“张三”);　　D. pstmt.setInt(1,“张三”);

7. 给定如下代码片断，假设查询语句为“select id,creator from FirstLevelTitle”，并且已经获得了结果集对象，使用变量 rs 表示。现在要在控制台上输出 FirstLevelTitle 表中各行的 creator 列的值（该列数据类型为 varchar），可以填入下划线处的代码是（　　）[选两项]。

```
  While(rs.next()){
String ss=___________ ;
System.out.println(ss);
}
```

   A. rs.getString(“creator”);　　B. rs.getString(1);

C. rs.getString(2); D. rs.getString(creator);

8. JDBC 使用 SQL 操作数据库数据时，（　　）是必须捕获的异常。

A. EOFException B. SQLException

C. InterruptedException D. ArithmeticException

9. （　　）类型的结果集，游标仅向前移动。

A. TYPE_SCROLL_INSENSITIVE B. TYPE_FORWARD_ONLY

C. TYPE_SCROLL_SENSITIVE D. TYPE_BACKWARD_ONLY

10. 使用（　）方法，可以将 Java 驱动程序加载到 JVM。

A. DriverManager 类的 getConnection()方法

B. Class.forName()方法

C. excuteQuery()方法

D. excuteUpdate()方法

三、实战任务

任务 1：仿照任务三图书类别显示，实现 index.jsp 页面中图书搜索功能中的图书类别显示，效果如图 3-19 所示。

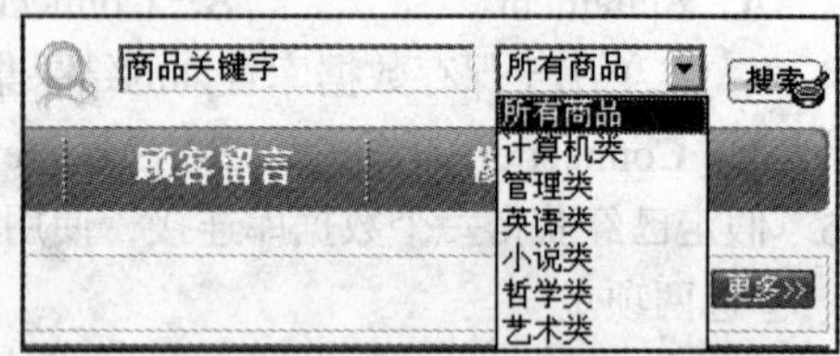

图 3-19　图书搜索功能中的图书类别显示

任务 2：编程实现主页中"查看详情"按钮功能，效果如图 3-20 所示。

图 3-20　详细信息页面

提示： 当单击"查看详情"按钮时，将这本图书的 ID 号作为超级链接的参数值传递到详细页面，详细页面根据此参数值，从数据库中查询到本书详细信息并显示。

```
//修改 index.jsp 的相应代码为:
<A href="detail.htm ?id=<%=rs.getString(1)%>">
<IMG src="images/icon_car.gif" border=0>  </A>
//在 detail.htm 页面中取出 ID 值，进行图书查询
int bookid= Integer.parseInt(request.getParameter("id"));
```

第 4 章 使用 JSP 处理客户端请求

在 JSP 中为了简化用户的操作，提供了 9 个内置对象，这些内置对象将由容器为用户进行实例化，用户直接使用即可，而不必像在 Java 中那样，必须通过关键字 new 进行实例化对象后才可以使用。

本章重点讲解使用 JSP 内置对象处理客户端请求的方法，主要包括使用 request 对象得到用户的请求信息；使用 responsc 对象向客户端返回服务器的回应信息；使用 session 对象保存每一个用户的信息，实现页面登录控制；使用 application 对象保存所有用户的共享信息；使用 cookie 对象制作站点计数器。

4.1 工作任务与技能目标

工作任务

（1）使用 request 和 response 对象实现登录功能。
（2）使用 session 功能实现页面的访问控制。
（3）统计网站的在线人数。
（4）制作站点计数器。
（5）实现“网上书店”的注册和登录功能。
（6）实现“网上书店”的图书分类浏览功能。

技能目标

（1）掌握 JSP 的内置对象及其对应的操作接口。
（2）正确使用 request、response、application、session 等内置对象。
（3）正确处理客户端的请求。
（4）使用内置对象并结合之前的 JSP 基础语法，完成简单两层架构的程序开发。

4.2 JSP 常用对象

任务一：使用 request 对象获取用户登录信息

【任务描述】

Web 应用中，用户是在客户端的表单中输入信息，提交给服务器。JSP 通过 request 对象获取用户的输入信息。该任务中，使用 request 对象获取用户的登录信息，将登录信息显示在新的页面上。

【工作目标】

- 掌握 request 对象的常用方法
- 使用 request 对象处理参数提交时的中文乱码问题
- 使用 request 对象请求参数

【任务分析】

Web 开发的最重要特点是交互性，而实现交互性的重要内置对象是 request 对象，request 对象是使用最多的内置对象，其主要作用是接收客户端发送来的请求信息，如通过表单提供的参数、通过地址传递的参数、发送的头信息等。

request 对象是 javax.servlet.http.HttpServletRequest 接口的实例化对象。常用的方法如表 4-1 所示。

表 4-1 request 对象的常用方法

序号	方 法	描 述
1	public String getParameter(String name)	接收客户端发来的请求参数内容
2	public String[] getParameterValues(String name)	取得客户端发来的一组请求参数内容
3	public Enumeration getParameterNames()	取得全部请求参数的名称
4	public String getRemoteAddr()	得到客户端的 IP 地址
5	void setCharacterEncoding (String env) throws UnsupportedEncodingException	设置统一的请求编码
6	public boolean isUserInRole(String role)	进行用户身份的验证
7	public Httpsession getSession()	取得当前的 session 对象
8	public StringBuffer getRequestURL()	返回正在请求的路径
9	public Enumeration getHeaderNames()	取得全部请求的头信息名称
10	public String getHeader(String name)	根据名称取得头信息的内容
11	public String getMethod()	取得用户的提交方式
12	public String getServletPath()	取得访问的路径
13	public String getContextPath()	取得上下文资源路径

【关键步骤】

（1）新建 web project，命名为 chatFour，在 WebRoot 下，新建文件夹 requestdemo。

（2）在 request 文件夹下新建表单提交文件 login.html。

```
<!DOCTYPE HTML PUBLIC "-//W3C//DTD HTML 4.01 Transitional//EN">
<html>
  <head>
    <title>登录</title>
    <meta http-equiv="keywords" content="keyword1,keyword2,keyword3">
    <meta http-equiv="description" content="this is my page">
    <meta http-equiv="content-type" content="text/html; charset=GBK">
    <!--<link rel="stylesheet" type="text/css" href="./styles.css">-->
  </head>
  <body>
```

```
    <form name=form1 method=post action=Login.jsp>
            用户名 <input type=text name=txtname ><br/>
            密码   <input type=password name=password><br/>
            <input type=submit name=ok value=登录>
        <input type=reset name=reset value=重置>
    </form>
  </body>
</html>
```

（3）新建 jsp 文件：Login.jsp，该文件接收 login.html 表单内容，并将用户提交的登录信息显示在网页上。

```
<%@ page contentType="text/html" pageEncoding="GBK"%>
<html>
<head><title>提取登录信息</title></head>
<body>
<%
      String content = request.getParameter("txtname") ; //获取用户名文本框的值
      String pwd=request.getParameter("password");       //获取密码框的值
%>
<h2>用户名：<%=content%></h2>
<h2>密码：<%=pwd%></h2>
</body>
</html>
```

启动 Tomcat 服务器，在地址栏中输入“http://localhost:8080/ChatFour/requestdemo/login.html”，在网页中输入用户名和密码后，单击“登录”按钮，程序的运行结果如图 4-1 所示。

图 4-1　提取网页的输入信息

（4）处理中文乱码问题。

在参数提交中，会出现中文乱码问题，如上面的网页中，如果输入的用户名为中文，将出现乱码，程序的运行结果如图 4-2 所示。

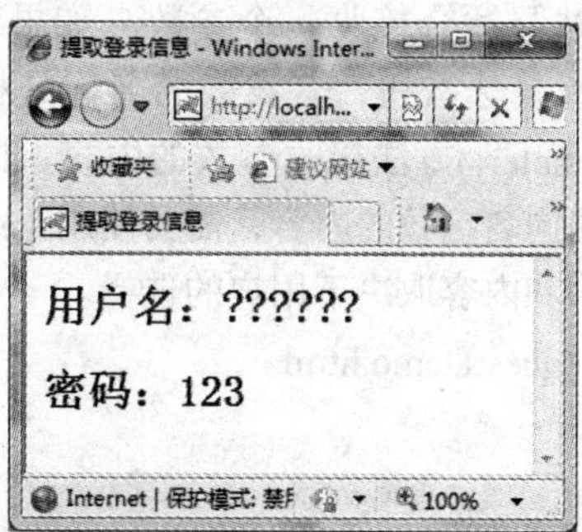

图 4-2　中文乱码

之所以会出现中文无法正常显示的情况，是因为浏览器的默认编码是 UTF-8 编码，而中文的 GBK 编码和 UTF-8 编码是不一样的，所以造成了乱码，就好像图 4-3 所示，由于双方的编码不统一，所以无法正常沟通。

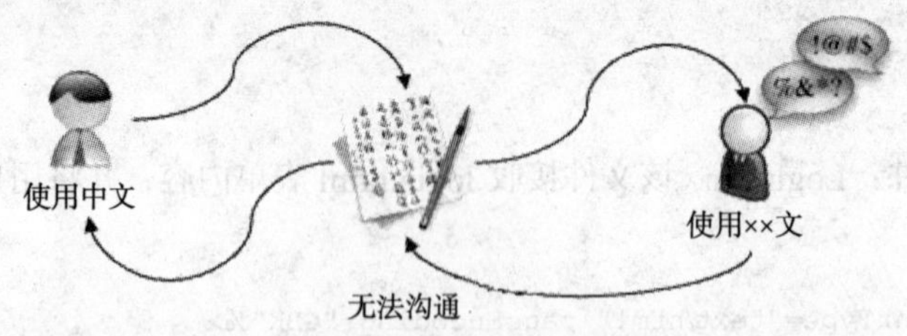

图 4-3　中文乱码的产生原因

可以使用 request 对象的 setCharacterEncoding()方法设置一个统一的编码。

修改 Login.jsp 页面，加入编码设置。

```
<%@ page contentType="text/html" pageEncoding="GBK"%>
<html>
<head><title>提取登录信息</title></head>
<body>
<%
    request.setCharacterEncoding("GBK") ;                    // 设置统一编码
    String content = request.getParameter("txtname") ;  // 获取用户名文本框的值
    String pwd=request.getParameter("password");           // 获取密码框的值
%>
<h2>用户名: <%=content%></h2>
<h2>密码: <%=pwd%></h2>
</body>
</html>
```

再次运行程序，中文已经能够正常显示，如图 4-4 所示。

图 4-4　正确显示中文

【任务延伸】使用 request 对象获取复杂的表单信息

表单中除了文本框外，还会有复选框、单选按钮等复杂的控件，该任务中将获取一个复杂的表单 requestDemo.html 的信息，将用户输入的信息显示到新的网页 requestDemo.jsp 上。

使用 request 对象的 getParameter()方法可以接收一个表单的文本框输入内容，实际上 getParameter()方法接收的就是一个参数的内容，参数的名称就是表单控件的名字。但是该方法只适合接收一个参数，如果有一组参数同名，例如一组复选按钮，其参数的名称是相同的，用户提交的时候数据是一组数，如果仍然使用 getParameter()方法接收参数的内容，则只会接收第一个选中的内容。

要接收一组同名参数的内容，需要使用 getParameterValues()方法，该方法的返回值是一个数组，数组的大小和内容取决于用户的选择。

（1）编写 requestDemo.html。

```
<html>
<head><title>复杂表单</title></head>
<body>
<form action="request_demo.jsp" method="post">
```

```
    姓名:      <input type="text" name="uname"><br>
    兴趣:      <input type="checkbox" name="inst" value="唱歌">唱歌
               <input type="checkbox" name="inst" value="跳舞">跳舞
               <input type="checkbox" name="inst" value="游泳">游泳
               <input type="checkbox" name="inst" value="看书">看书
               <input type="checkbox" name="inst" value="旅游">旅游
    <br><input type="hidden" name="id" value="3">
    <input type="submit" value="提交">
    <input type="reset" value="重置">
</form>
</body>
</html>
```

（2）编写 requestDemo.jsp 文件，用于接收 requestDemo.html 的参数，并显示在网页上。

```
<%@ page contentType="text/html" pageEncoding="GBK"%>
<html>
<head><title>接收提交信息</title></head>
<body>
<%
    request.setCharacterEncoding("GBK") ;        // 设置的是统一编码
    String id = request.getParameter("id") ;
    String name = request.getParameter("uname") ;
    String inst[] = request.getParameterValues("inst") ;
%>
<h3>编号: <%=id%></h3>
<h3>姓名: <%=name%></h3>
<h3>兴趣:
<%
if(inst != null) {
    for(int x=0;x<inst.length;x++){
%>
        <%=inst[x]%>、
<%
    }
}
%>
</h3>
</body>
</html>
```

（3）运行程序，结果如图 4-5 所示。

图 4-5 接收复杂表单信息

提示：

- 在进行表单参数接收时，如果用户没有输入文本框的内容或者没有选择复选框的内容，那么在使用 getParameter()方法和 getParameterValues()方法接收参数时，返回的内容为 null，此时有可能产生 NullPointerException 异常，在使用时最好判断接收来的参数是否为 null。
- 在 Web 开发中，参数不一定全是由表单传过来的，也可以使用地址重写的方法进行参数传递。地址重写的格式如下。

动态页面地址?参数名称 1=参数内容 1&参数名称 2=参数内容 2&…

任务二：使用 response 对象重定向页面

【任务描述】

继续完成“任务一”的登录功能，如果用户输入的用户名为：“abc”，密码为“123”，则跳转到登录成功的页面，页面上显示“恭喜你，登录成功”，否则，跳转到登录失败页面，页面上显示“登录失败，用户名或者密码错误”。

【工作目标】

- 掌握 response 对象的常用方法
- 使用 response 对象实现页面跳转

【任务分析】

response 对象的主要作用是对客户端的请求做出响应，将 Web 服务器的处理结果发回给客户端。response 对象属于 javax.servlet.http.HttpServletResponse 接口的实例，HttpServletResponse 接口的定义如下： public interface HttpServletResponse extends ServletResponse。

response 对象的常用方法如表 4-2 所示。

表 4-2 response 对象的常用方法

序号	方　法	描　述
1	public void addCookie(Cookie cookie)	向客户端增加 Cookie
2	public void setHeader(String name,String value)	设置回应的头信息
3	public void sendRedirect(String location) throws IOException	页面跳转

SendRedirect()方法可以实现页面的跳转，该跳转属于客户端跳转，跳转后，地址栏的页面地址会发生改变。

【关键步骤】

（1）新建登录成功页面 success.jsp。

```
<%@ page language="java" contentType="text/html; charset=GBK"%>
<HTML>
<HEAD><TITLE>登录成功成功</TITLE></HEAD>
<BODY>
  <h1 align="center"><font size="4">登录结果</font></h1>
  <p align="center"><font color="#FF0000">恭喜你，登录成功！</font></p>
  <p align="center"><a href="javascript:history.back();">返回</a></p>
```

```
</BODY>
</HTML>
```

（2）新建登录失败的页面 error.html。

```
<%@ page language="java" contentType="text/html; charset=GBK"%>
<HTML>
<HEAD><TITLE>登录失败</TITLE></HEAD>
<BODY>
<h1 align="center"><font size="4">登录结果</font></h1>
<p align="center"> <font color="#FF0000">登录失败! </font></p>
<p align="center"><a href="javascript:history.back();">返回</a></p>
</BODY>
</HTML>
```

（3）修改登录提交页面 Login.jsp。

```
<%@ page contentType="text/html" pageEncoding="GBK"%>
<html>
<head><title>提取登录信息</title></head>
<body>
<%
    request.setCharacterEncoding("GBK") ;          // 设置的是统一编码
   String name = request.getParameter("txtname") ;
   String pwd=request.getParameter("password");
   if(name.equals("abc")&&pwd.equals("123"))
    response.sendRedirect("success.jsp");           // 跳转到成功页面
   else
    response.sendRedirect("error.jsp");             // 跳转到失败页面
%>
</body>
</html>
```

（4）运行程序，对应的运行结果如图 4-6 所示。

图 4-6　跳转结果

比较<jsp:forword>标签跳转指令和 response.sendRedirect()跳转。

- <jsp:forword>跳转属于服务器端跳转，跳转之后地址栏不会有任何的改变，而 response. send Redirect()属于客户端跳转，跳转之后地址栏会发生改变，变为跳转之后的页面地址。
- 在使用 request 时，只有服务器端跳转才能将 request 属性保存到跳转页，如果是客户端跳转，则无法进行属性的传递。
- 服务器端跳转，执行到跳转语句时会立刻进行跳转；而客户端跳转，则会在整个页面都执行完后才进行跳转。
- 使用<jsp:forword>，可以通过<jsp:param>方便地进行参数的传递；而使用 response.send Redirect()时，则只能通过地址重写的方式完成参数的传递。

任务三：使用 session 对象实现页面访问控制

【任务描述】

在各个系统中，几乎都会包括用户登录验证及注销功能，当用户直接打开某个网页时，验证用户是否是合法用户，如果是，则可正常浏览网页，否则，跳转回登录页面提示用户进行登录，用户登录后，可以进行注销操作。

【工作目标】

- 掌握 session 对象的使用方法
- 掌握访问控制的工作流程，能够使用 session 对象完成页面的访问控制

【任务分析】

1. 什么叫页面的访问控制

如图 4-7 所示，作为未登录客户可以浏览某些页面，当需要进一步的操作时，系统会自动跳转到登录页面，提示我们登录。

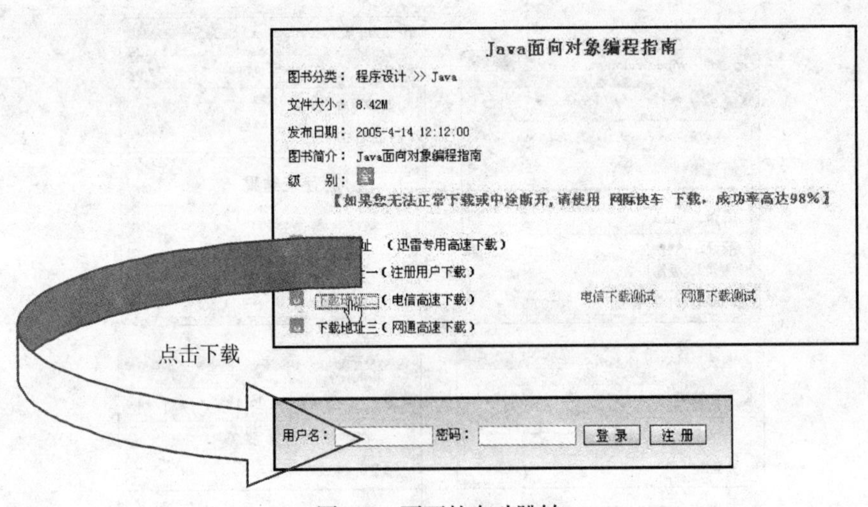

图 4-7　页面的自动跳转

2. 如何进行页面的访问控制

如果能够设置一个属性，在任何一个需要进行访问控制的页面中都能取得该属性，我们就可以根据该属性的值判断用户是否登录。而之前讲过的 request 对象其属性范围只在一次服务器端跳转内有效。

从一个客户打开浏览器并连接到服务器开始，到客户关闭浏览器离开这个服务器结束，被称为一个会话。当一个客户访问一个服务器时，可能会在这个服务器的几个页面之间反复连接，反复刷新一个页面，服务器应当通过某种办法知道这是同一个客户，这就需要 session 对象。

session 对象的 ID 是指当一个客户首次访问服务器上的一个 JSP 页面时，JSP 引擎产生一个 session 对象，同时分配一个字符类型的 ID 号，JSP 引擎同时将这个 ID 号发送到客户端，存放在 Cookie 中，这样 session 对象和客户之间就建立了一一对应的关系。

当客户再访问连接该服务器的其他页面时，不再分配给客户新的 session 对象，直到客户关闭浏览器后，服务器端将该客户的 session 对象取消，服务器与该客户的会话对应关系消失。当客户重新打开浏览器再连接到该服务器时，服务器为该客户再创建一个新的 session 对象。

每一个 session 对象都表示不同的访问用户，session 对象是 javax.servlet.http.HttpSession 接口的实例化对象，所以 session 只能应用在 HTTP 协议中。

session 对象的常用方法如表 4-3 所示。

表 4-3 session 对象的常用方法

序号	方 法	功 能 描 述
1	public String getId()	取得 session ID
2	public long getCreationTime()	取得 session 的创建时间
3	public long getLastAccessedTime()	取得 session 的最后一次操作时间
4	Public Object getAttribute(name)	取得指定的属性值
5	public boolean isNew()	判断是否是新的 session（新用户）
6	public void invalidate()	让 session 失效
7	public Enumeration getAttributeNames()	得到 session 全部属性的名称
8	Public void setAttribute(String name,Object obj)	设置指定名称的属性值
9	Public void removeAttribute(String name)	删除指定的属性名及值

【关键步骤】

（1）在 WebApp 下面新建文件夹 sessionDemo，在该文件夹下新建文件 login.jsp,该文件完成登录表单的显示，同时向页面本身进行数据提交，以完成登录的验证，如果登录成功（用户名和密码固定：abc/123），则保存属性；如果登录失败，则显示登录失败的信息。

```
<%@ page contentType="text/html;charset=GBK"%>
<h1>系统登录</h1>
<form action="login.jsp" method="post">
    用户名: <input type="text" name="name"><br>
    密  码: <input type="password" name="password"><br>
    <input type="submit" value="登录">
</form>
<%
    String name = request.getParameter("name") ;
    String pass = request.getParameter("password") ;
    if(!(("".equals(name)||name==null)&&("".equals(pass)||pass==null))){
        // 假设用户名是 abc, 密码是 123
        if("abc".equals(name)&&"123".equals(pass)){
            session.setAttribute("name",name) ;    // 登录后设置 session 属性
            response.sendRedirect("welcome.jsp") ;
        }else{
```

```
%>
        <h3>错误的用户名或密码</h3>
<%
} }
%>
```

（2）新建欢迎页：welcome.jsp，此页面要求在用户登录完成之后才可以显示登录成功的信息，如果没有登录，则要给出未登录的提示，同时给出一个登录的链接地址。

```
<%@ page contentType="text/html;charset=GBK"%>
<%
    if(session.getAttribute("name")!=null){                    // 合法用户
%>
        <h1>欢迎光临！</h1>
        <h2><a href="logout.jsp">注销</a></h2>
<%
    }else{
%>
        <h1>请先<a href="login.jsp">登录</a>！</h1>
<%
    }
%>
```

welcome.jsp 页面首先要对 session 属性范围是否存在指定的属性进行判断，如果存在，则表示用户是已经登录的合法用户，会给出欢迎光临本系统的信息，并给出注销的链接；而如果用户没有登录过，则会有登录的提示，并给出相应的链接。

（3）新建注销页 logout.jsp。此功能完成登录的注销，注销之后，页面要跳转回 login.jsp，等待用户继续登录。

```
<%@ page contentType="text/html;charset=GBK"%>
<html>
<body>
<%
    response.setHeader("refresh","2;URL=login.jsp");        //定时跳转
    session.invalidate() ;                                  //注销
%>
<h3> 您已经成功退出本系统，两秒钟后跳转回首页！</h3>
<h3> 如果没有跳转，请按<a href="login.jsp">这里</a></h3>
</body>
</html>
```

该页面使用 invalidate()方法进行了 session 的注销操作，并且设置了定时跳转的功能。

运行程序，完成的运行结果如图 4-8 所示。

图 4-8　登录验证，使用 session 保存登录信息

【任务延伸】

1. 取得 session ID

用户连接服务器后，服务器会自动为此 session 分配一个不会重复的 session ID，服务器依靠这些不同的 session ID 来区分每一个不同的用户，在 Web 中可以使用 HttpSession 接口中的 getId()方法取得 ID。

```
<%@ page contentType="text/html;charset=GBK"%>
<h1><%=session.getId()%></h1>
```

2. 判断新用户

可以使用 session 的 isNew()方法判断一个用户是否是第一次访问页面，代码如下所示。

```
<%@ page contentType="text/html;charset=GBK"%>
<%
    if(session.isNew()){
%>
        <h2>欢迎新用户光临! </h2>
<%
    }else{
%>
        <h2>你不是新用户了! </h2>
<%
    }
%>
```

如果用户打开一个新的浏览器，直接连接到此页面，则会显示“欢迎新用户光临!”的信息，如果用户刷新页面，则会显示“您不是新用户了”。程序的运行结果如图 4-9 所示。

a）用户第一次访问

b）用户刷新页面

图 4-9 判断是否为新用户

3. 取得用户的操作时间

在 session 对象中，可以通过 getCreationTime()方法取得一个 session 的创建时间，也可以使用 getLastAccessedTime()方法取得一个 session 的最后一次操作时间，那么通过这两种操作，就可以计算出一个 session 的操作时间。

```
<%@ page contentType="text/html;charset=GBK"%>
<%
    long start=session.getCreationTime();
    long end=session.getLastAccessedTime();
    long time=(end-start)/1000;
%>
<h3>您已经停留了<%=time%>秒</h3>
```

任务四：使用 application 对象统计在线人数

【任务描述】

在很多网站都能看到网站计数器这样的功能，统计在线人数的方法有多种，该任务使用 application 内置对象统计在线人数。

【工作目标】

- 掌握 application 对象的常用方法
- 使用 application 对象存取属性

【任务分析】

session 对象保存的属性在重新打开一个新的浏览器的时候会丢失，如果希望设置一个属性，可以让所有的用户都能看得见，则可以利用 application 对象，这样可以将属性保存在服务器上，使得每个用户（每个 session）都能访问这个属性。

application 对象是 javax.servlet.ServletContext 接口的实例化对象，服务器启动后就产生了这个 application 对象，当客户在所访问的网站的各个页面之间浏览时，这个 application 对象都是同一个，直到服务器关闭。与 session 不同的是，所有客户的 application 对象都是同一个，即所有客户共享这个内置的 application 对象。其常用的方法如表 4-4 所示。

表 4-4　application 常用的方法

序号	方　法	功 能 描 述
1	String getRealPath(String path)	得到虚拟目录对应的绝对路径
2	Object getAttribute(String name)	得到指定属性的值
3	String getServerInfo()	返回当前版本 Servlet 编译器的信息
4	publicEnumeration getAttributeNames()	得到所有属性的名称
5	public String getContextPath()	取得当前的虚拟路径名称
6	removeAttribute（String name）	删除指定属性
7	Public void setAttribute(String name,Object obj)	按照键值设置属性值

【关键步骤】

（1）新建计数器文件 conter.jsp。

```
<%@ page contentType="text/html; charset=GB2312"
import="java.util.Date"%>
<html>
<head><title>Application 计数器</title></head>
<body>
<center>
<font size = 5 color = blue>Application 计数器</font>
</center>
<hr>
<%
    String strNum = (String)application.getAttribute("num");
    int num=1;
    //检查是否 Num 变量是否可取得
    if(strNum != null)
         num = Integer.parseInt(strNum) ; //取得存放在 application 中的计数值
    if(session.isNew())
         num=num+1;
```

```
application.setAttribute("num", String.valueOf(num));    //起始 Num 变量值
%>
<h3> 欢迎您！ 您是第 <font color = red><%= num %></font>
位访客 。</h3>
</body>
</html>
```

代码中刚启动服务器，第一次浏览网页时，application 中的属性num的值为null,因此在程序中要判断属性值是否为空。

如果是同一个用户，多次刷新浏览器时，将不会增加计数，因此要使用 session 的 isNew()方法判断是否是新用户。

（2）多次重启浏览器，运行程序，结果如图 4-10 所示。

图 4-10 Application 计数器

说明：application 对象中的变量和数据的值在服务器启动状态下一直存在，重启服务器后，application 对象中的变量才重新进行初始化。本任务中，重启 Tomcat 服务器，运行程序时，计数器会重新开始计数。

任务五：使用 cookie 对象制作站点计数器

【任务描述】

相信很多读者在上网时发现很多论坛或者网页等都有记住密码的功能，这样用户下次进入应用时可以不必登录，直接操作。实际上这里面就应用到了 cookie 的操作。

该任务使用 cookie 制作站点计数器。

【工作目标】

了解 cookie 对象各种方法的使用、利用 cookie 制作站点计数器的方法及其特点和应用场合。

【任务分析】

cookie 是浏览器所提供的一种技术，这种技术让服务器端的程序能将一些只需保存在客户端，或者在客户端进行处理的数据，放在客户端计算机，而不需要通过网络的传输，因而提高网页处理的效率，同时也能够减少服务器端的负载。

cookie 是 Web 服务器保存在用户硬盘上的一段文本，cookie 允许一个 Web 站点在用户的计算机上保存信息并且随后再将其取回。

服务器读取 cookie 的时候，只能够读取到这个服务器相关的信息。而且，浏览器一般只允许存放 300 个 cookie，每个站点最多存放 20 个，另外，每个 cookie 的大小为 4kB，根本不会占用多少空间。同时，cookie 是有时效性的。例如，设置了 cookie 的存活时间为 1min，则 1min 后当前这个 cookie 就会被浏览器删除。因此，使用 cookie 不会带来太大的安全威胁。

在 JSP 中专门提供了 javax.servlet.http.Cookie 的操作类，此类定义的常用方法如表 4-5 所示。

表 4-5 cookie 定义的常用方法

序号	方 法	描 述
1	public Cookie(String name,String value)	实例化 cookie 对象，同时设置名字和内容
2	public String getName()	取得 cookie 的名字
3	public String getValue()	取得 cookie 的内容
4	public void setMaxAge(int expiry)	设置 cookie 的保存时间，以秒为单位

所有的 cookie 都是由服务器设置到客户端的，要向客户端增加 cookie，必须使用 response 对象的以下方法，如表 4-6 所示。

表 4-6 设置 cookie

序 号	方 法	描 述
1	public void addCookie(Cookie cookie)	向客户端设置 cookie
2	public Cookie[] getCookies()	取得客户端设置的全部 cookie
3	public Cookie(String name,String value)	构造方法，实例化对象
4	public String getName()	取得 cookie 的名称
5	public String getValue()	取得 cookie 的属性
6	public void setMaxAge(int expiry)	设置 cookie 的保存时间，以秒为单位

cookie 的基本操作有下面几种。

（1）创建 cookie 对象。

```
Cookie c=new Cookie("username","liuzc");
```

（2）传送 cookie 对象。

```
response.addCookie(c);
```

（3）读取 cookie 对象。

```
Cookie[] c=request.getCookies();
if(c!=null)
    for(int I=0;I<c.length;I++)
        if("username".equals(c[I].getName()))
    out.println(c[I].getValue());
```

（4）设置 cookie 对象有效时间。

```
c.setMaxAge(3600);
```

【关键步骤】

（1）在 Webapps 下面新建文件夹 cookie，在该文件夹下新建 jsp 文件 cookiedemo.jsp。

```
<%@ page contentType="text/html; charset=GB2312"
import="java.util.Date"%>
<html>
<head> <title>Cookie 应用演示</title> </head>
<body>
<%
    Cookie thisCookie = null;
     boolean cookieFound = false;
    // 从请求获取 coolies
    Cookie[] cookies = request.getCookies();
    if(cookies!=null)
    {
            for(int i=0; i < cookies.length; i++)
            {
            thisCookie = cookies[i];
            //检查是否存在 CookieCount 数据
            if (thisCookie.getName().equals("CookieCount"))
        {
                        cookieFound = true;
```

```
                    break;
            }
            }
    }
    //输出页面
    out.println("<center><h1>Cookie 计数器</h1></center>");
     // 显示客户端详细信息,是否存在计数器 cookie
    if (cookieFound)
    {
     // 获取 cookie 的值,并加 1
     int cookieCount = Integer.parseInt(thisCookie.getValue());
     cookieCount++;
     out.println("<font color=blue size=+1>");
            out.println("<p>这是 1 分钟内第<B> " +cookieCount +" </B>次访问本页\n");
            // 设置 cookie 的新值, 加到相应对象中
            thisCookie.setValue(String.valueOf(cookieCount));
            thisCookie.setMaxAge(60*1);
            response.addCookie(thisCookie);
    }
    if (cookieFound == false)
    {
     out.println("<font color=blue size=+1>");
     out.println("<p>你在近 1 分钟没有访问过此页,现在是第 1 次访问此页");
          // 创建新的 cookie 并设置它的存活期
          thisCookie = new Cookie("CookieCount", "1");
          thisCookie.setMaxAge(60*1);
          // 在 response 对象中加入 cookie
          response.addCookie(thisCookie);
    }
  %>
 </BODY>
 </HTML>
```

（2）运行程序，多次刷新浏览器后，结果如图 4-11 所示。

图 4-11 Cookie 计数器

4.3 完善“网上书店”功能

任务六：修改用户注册信息

【任务描述】

在“网上书店”项目中，修改登录用户的注册信息。

【工作目标】

通过实际的案例操作，熟练掌握内置对象的使用方法。

【任务分析】

修改用户的注册信息，首先要求该用户存在并已经登录，根据用户的登录 ID 查找用户的相关注册信息，将注册信息显示在注册信息修改页面的表单中，用户输入新信息后，提交表单，系统接受用户的表单信息后构建 update 语句，将信息更新到数据库中。

【关键步骤】

（1）在 Eclipse 中，打开原有项目 BookShop，右击 BookShop 项目名称，选择 New 菜单下的 package 命令，新建包 com.pojo，在 com.pojo 下面创建客户实体类 MemberPojo.java。

```
package com.pojo;
import java.sql.Timestamp;
/**
 * 客户实体类
 * @author Administrator
```

```
 *
 */
public class MemberPojo {
    private int id;                         //用户 ID
    private int memberlevel;                //用户等级
    private String loginName;               //登录名
    private String loginPwd;                //密码
    private String memberName;              //用户姓名
    private String phone;                   //电话
    private String address;                 //地址
    private String zip;                     //邮编
    private Timestamp regDate;              //注册日期
    private Timestamp lastDate;             //最后登录时间
    private int loginTimes;                 //登录次数
    private String email;                   //邮件
    public MemberPojo(){
    }
    public MemberPojo(int id, int memberlevel, String loginName, String loginPwd,
String memberName, String phone, String address, String zip, Timestamp regDate, Timestamp
lastDate, int loginTimes, String email) {
        super();
        this.id = id;
        this.memberlevel = memberlevel;
        this.loginName = loginName;
        this.loginPwd = loginPwd;
        this.memberName = memberName;
        this.phone = phone;
        this.address = address;
        this.zip = zip;
        this.regDate = regDate;
        this.lastDate = lastDate;
        this.loginTimes = loginTimes;
        this.email = email;
    }
    public String getEmail() {
        return email;
    }
    public void setEmail(String email) {
        this.email = email;
    }
    public String getAddress() {
        return address;
    }
    public void setAddress(String address) {
        this.address = address;
    }
    public int getId() {
        return id;
    }
    public void setId(int id) {
        this.id = id;
    }
    public Timestamp getLastDate() {
        return lastDate;
    }
    public void setLastDate(Timestamp lastDate) {
        this.lastDate = lastDate;
    }
    public String getLoginName() {
        return loginName;
    }
    public void setLoginName(String loginName) {
```

```
        this.loginName = loginName;
    }
    public String getLoginPwd() {
        return loginPwd;
    }
    public void setLoginPwd(String loginPwd) {
        this.loginPwd = loginPwd;
    }
    public int getLoginTimes() {
        return loginTimes;
    }
    public void setLoginTimes(int loginTimes) {
        this.loginTimes = loginTimes;
    }
    public int getMemberlevel() {
        return memberlevel;
    }
    public void setMemberlevel(int memberlevel) {
        this.memberlevel = memberlevel;
    }
    public String getMemberName() {
        return memberName;
    }
    public void setMemberName(String memberName) {
        this.memberName = memberName;
    }
    public String getPhone() {
        return phone;
    }
    public void setPhone(String phone) {
        this.phone = phone;
    }
    public Timestamp getRegDate() {
        return regDate;
    }
    public void setRegDate(Timestamp regDate) {
        this.regDate = regDate;
    }
    public String getZip() {
        return zip;
    }
    public void setZip(String zip) {
        this.zip = zip;
    }
}
```

（2）打开页面 user.jsp，该页面完成用户注册信息的填写、验证及提交功能。

- 按照用户登录名，查找用户信息，并封装为用户实体。

```
/**按用户名取实体（用户名）
     *
     * @param id
     * @return
     * @throws Exception
     */
    public MemberPojo getById(int id) throws Exception{
        MemberPojo mbp = null;

        try {
            con= new DBConnect();
            con.prepareStatement("select * from member where id = ?");
```

```
                con.setInt(1, id);
                rs = con.executeQuery();
                while(rs.next()){
                    mbp = new MemberPojo(rs.getInt("id"),
                             rs.getInt("Memberlevel"),
                             rs.getString("LoginName"),
                             rs.getString("LoginPwd"),
                             rs.getString("MemberName"),
                             rs.getString("Phone"),
                             rs.getString("Address"),
                             rs.getString("Zip"),
                             rs.getTimestamp("RegDate"),
                             rs.getTimestamp("LastDate"),
                             rs.getInt("LoginTimes"),
                             rs.getString("EMail"));
                }
                rs.close();
                con.close();
            } catch (Exception e) {
                // TODO Auto-generated catch block
                e.printStackTrace();
            }finally{
                rs.close();
                con.close();
            }

            return mbp;
        }
```

- 生成修改信息的表单，并用上一步骤得到的用户实体初始化表单各控件。

```
    <FORM style="MARGIN: 0px"  id = "update" action="MemberServlet?method=1&mode=2"
method="post">
        <input type="hidden" name="id" value="<%=mp.getId() %>" />
        <TABLE cellSpacing=1 cellPadding=0 width="100%" bgColor=#ffffff
          border=0><TBODY>
          <TR>
            <TD colSpan=2 height=30> </TD></TR>
          <TR>
            <TD colSpan=2 height=40><IMG
            src="<%=path %>/images/EditUser_01.gif"></TD></TR>
          <TR bgColor=#f7f3f7>
            <TD class=text align=right width=260 height=26>会员级别 : </TD>
            <TD class=text height=26><%=levelname %></TD></TR>
          <TR bgColor=#f7f3f7>
            <TD class=text align=right width=260 height=26>真实姓名 : </TD>
            <TD height=26><INPUT class=textBox size=30 value="<%=mp.getMemberName() %>"
name="memberName"
              msg="真实姓名不能为空!" dataType="Require" require="true" style="width: 215px">
</TD></TR>
          <TR bgColor=#f7f3f7>
            <TD class=text align=right width=260 height=26>登录账号 : </TD>
            <TD height=26><INPUT class=textBox size=30 value="<%=mp.getLoginName() %>"
              name="loginName" msg="登录名不能为空!" dataType="Require" style="width:
215px"
          require="true"></TD></TR>
          <TR bgColor=#f7f3f7>
            <TD class=text align=right width=260 height=26>登录密码 : </TD>
            <TD  height=26><INPUT  class=textBox   size=30   type=password  value="<%=
mp.getLoginPwd() %>"
              name=loginPwd style="width: 215px"></TD></TR>
          <TR bgColor=#f7f3f7>
```

```
            <TD class=text align=right width=260 height=26>核对密码 : </TD>
            <TD height=26><INPUT class=textBox id=reLoginPwd onblur=checkPwd()
              type=password size=30 name=password style="width: 215px"></TD></TR>
          <TR bgColor=#f7f3f7>
            <TD class=text align=right width=260 height=26>联系电话 : </TD>
            <TD height=26><INPUT class=textBox size=30 value="<%=mp.getPhone() %>"
              name=phone msg="联系电话不正确!" dataType="Phone" require="true" style="width:
215px"></TD></TR>
          <TR bgColor=#f7f3f7>
            <TD class=text align=right width=260 height=26>联系地址 : </TD>
            <TD height=26><INPUT class=textBox size=30 value="<%=mp.getAddress() %>"
name="address" style="width: 215px">
            </TD></TR>
          <TR bgColor=#f7f3f7>
            <TD class=text align=right width=260 height=26>邮政编码 : </TD>
            <TD height=26><INPUT class=textBox size=30 value="<%=mp.getZip() %>" name=
"zip" style="width: 215px"
              msg="邮政编码不正确!" dataType="Zip" require="true"></TD></TR>
          <TR bgColor=#f7f3f7>
            <TD class=text align=right width=260 height=26>电子邮箱 : </TD>
            <TD height=26><INPUT class=textBox size=30
              value="<%=mp.getEmail()%>" name=email msg="电子邮箱不正确!" style="width: 215px"
              dataType="Email" require="false"></TD></TR>
          <TR>
            <TD align=middle colSpan=2 height=40><INPUT class=C_Input type=submit value=
保存 >
        </TD></TR></TBODY></TABLE></FORM>
```

- 修改注册信息，并保存到数据表中。

```
    /**更新用户
         *
         * @param mp
         * @throws Exception
         */
        public void updateMember(MemberPojo mp) throws Exception{
            try {
                con  = new DBConnect();
                con.prepareStatement("update member set member.LoginName=?, member.LoginPwd=?,
member.MemberName=?,member.Phone=?,member.Address=?,member.Zip=?,member.  EMail=?
where member. id = ?");
                con.setString(1, mp.getLoginName());
                con.setString(2, mp.getLoginPwd());
                con.setString(3, mp.getMemberName());
                con.setString(4, mp.getPhone());
                con.setString(5, mp.getAddress());
                con.setString(6, mp.getZip());
                con.setString(7, mp.getEmail());
                con.setInt(8, mp.getId());
                con.executeUpdate();
                con.close();
            } catch (Exception e) {
                // TODO Auto-generated catch block
                e.printStackTrace();
            }finally{
                con.close();
```

```
        }
    }
```

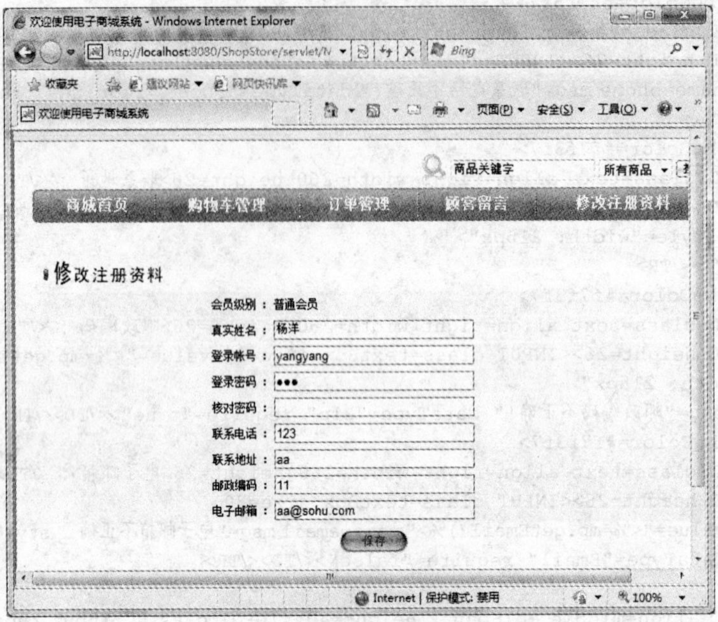

图 4-12　修改注册资料页面

（3）打开浏览器，在地址栏中输入“http://localhost:8080/BookShop”，登录后，单击导航栏中“修改注册资料”，打开如图 4-12 所示的修改注册资料页面。

重新填写注册信息后，单击“保存”按钮，会员注册资料修改成功后，将直接登录到系统，如图 4-13 所示。

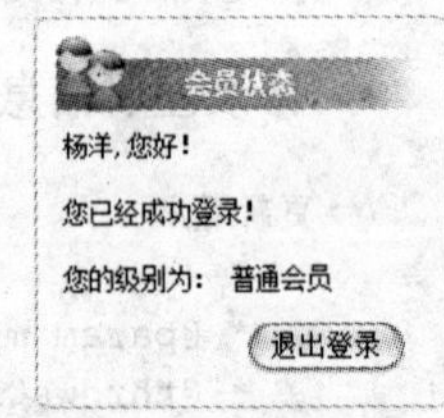

图 4-13　修改成功

说明：如果用户没有登录，直接点击“修改注册资料”导航，将会弹出错误提示页面，提示用户登录，如图 4-14 所示。

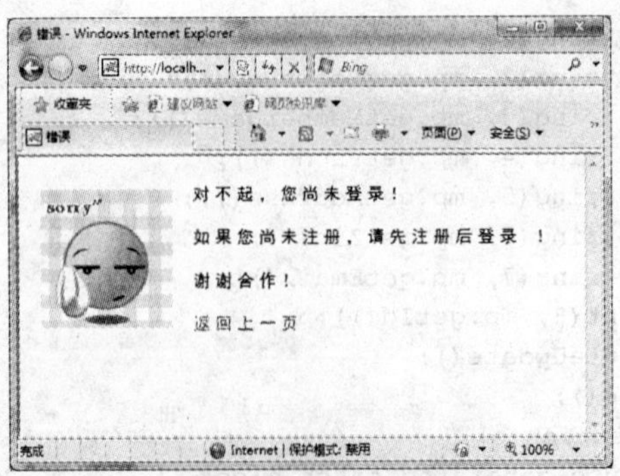

图 4-14　错误提示页面

任务七：实现图书分类浏览功能

【任务描述】

在“网上书店”左侧导航栏中，有“商品类别”一栏，如图 4-15 所示，单击其中的某个类别，在新打开的网页中将显示该类别的图书列表，如图 4-16 所示。单击图 4-16 中的某本书籍，将显示该书的详细信息，如图 4-17 所示。

这种分类浏览功能也是多数电子商城的基本功能，本任务将完成这些功能。

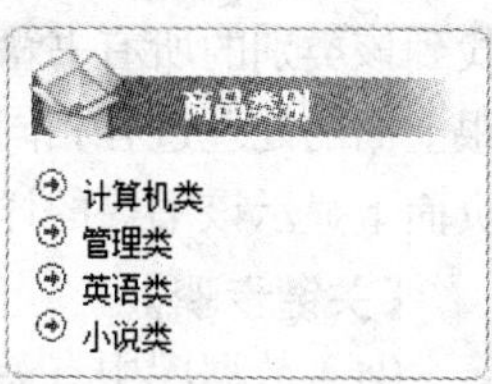

图 4-15 商品类别导航

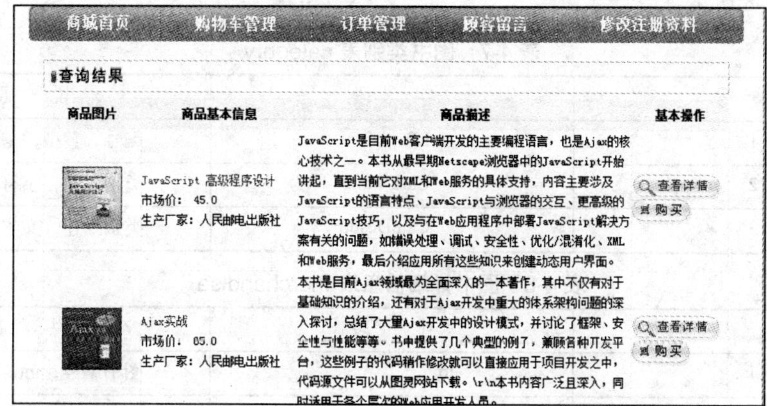

图 4-16 分类浏览书籍

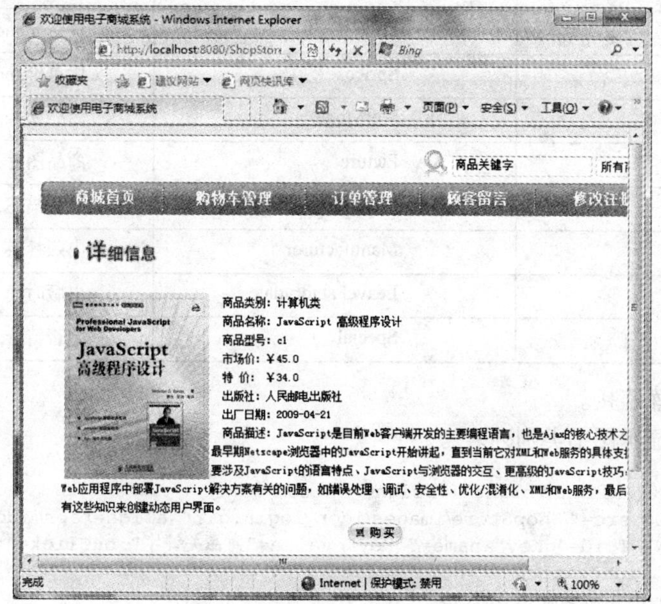

图 4-17 选定图书的详细信息

【工作目标】

- 通过实际的案例操作，熟练掌握内置对象的使用方法。
- 熟练掌握通过地址重定向传递参数的方法。

【任务分析】

该任务需要使用 JSP+JDBC 完成，网站首页显示所有的图书分类列表，用户单击某个类别后，可通过地址重定向传递参数到 jsp 页面，jsp 页面接收参数后作为条件构造 SQL 语句，通过查询找到该类别的所有书籍后，以列表的形式将书籍的信息显示在页面上。当用户单击某本书籍时，跟上面的处理过程相同，通过地址重定向传递书籍的编号，根据编号查询具体的书籍，并在新的页面上显示该书籍的详细信息。

【关键步骤】

（1）数据库中有关图书的数据表。

该任务需要用到数据库中的两个表，一个是图书类别表，一个是图书详细信息表，表的结构如表 4-7 和表 4-8 所示。

表 4-7　图书类别表 category

序　号	字　段	说　明
1	Id	编号，整型，主键
2	CateName	类别名称，字符串
3	CateDesc	类别描述，文本

表 4-8　图书详细信息表 merchandise

序　号	字　段	说　明
1	Id	图书编号，int，主键
2	Category	图书类别编号，int，外键
3	MerName	书名，字符串
4	Price	价格,money
5	Sprice	优惠价,money
6	MerModel	商品型号，字符串
7	Picture	商品图片，字符串
8	Merdesc	商品描述，文本
9	Manufacturer	出版社,字符串
10	LeaveFactorydate	出版时间
11	Special	是否特价,bit

（2）创建数据库连接。

（3）在首页上显示图书类别列表。

```
<TD height="50" align="right" valign="bottom">
        <IMG src="/ShopStore/images/icon_login.gif" align="absmiddle">
        <INPUT id="qKey" name="qKey" value="商品关键字" onClick="this.value=''">
    <select id="category" name="cate" >
<option value=0>所有商品</option>
<option value=1>计算机类</option>
<option value=2>管理类</option>
<option value=3>英语类</option>
<option value=4>小说类</option>
    </select>
  <A href="javascript:QuickSearch()">
  <IMG src="/ShopStore/images/icon_search.gif" align="absmiddle" border="0"></A>
```

```
</TD>
```

（4）用户选择类别后，显示该类别的图书信息。

```
public void findByKeyType(HttpServletRequest request,
        HttpServletResponse response){
        HttpSession session = request.getSession();
        int pageSize = 5;
        int pageNow = 1;
        int rowCount = 0;
        int pageCount = 0;
        List booklist = null;                                //查询结果集合
        int typename = 0;                                    //书类型 ID
        String qkey = "";                                    //关键字
        if(request.getParameter("key")!=null){
                try {
                    qkey = URLDecoder.decode(request.getParameter("key"),"UTF-8");
            }   catch (UnsupportedEncodingException e) {
                    // TODO Auto-generated catch block
                    e.printStackTrace();
            }
        }
      if(request.getParameter("pageNow")!=null){
          pageNow = Integer.parseInt(request.getParameter("pageNow").toString());
      }else{
          pageNow = 1;
      }
      //获取图书类型 ID
      if(request.getParameter("cateid")!=null){
          typename = Integer.parseInt(request.getParameter("cateid"));
          session.setAttribute("typename", typename);
      }else{
          typename                                                              =
Integer.parseInt(session.getAttribute("typename").toString());
      }
      try {
          rowCount = bm.getCount(qkey, typename);             //获取总记录数
          pageCount = (rowCount+pageSize-1)/pageSize;         //计算共有几页
          //调整当前页 pageNow
          if(pageNow > pageCount){
              pageNow = pageCount;
          }
          booklist = bm.SearchBook(qkey, typename,pageSize,pageNow);
          request.setAttribute("booklist", booklist);
          request.setAttribute("pageNow", pageNow);
          request.setAttribute("pageCount", pageCount);
          request.setAttribute("rowCount", rowCount);
          go2Jsp(request, response, "/searchResult.jsp");
      } catch (Exception e) {
          // TODO Auto-generated catch block
          e.printStackTrace();
      }//定向的页面
  }
```

（5）用户选择某本具体图书后，显示该图书的详细信息。

```
/**按 ID 查看图书详情
     *
     * @param id
     * @return
     * @throws Exception
     */
    public BookPojo getBook(int id) throws Exception{
```

```
        BookPojo bp = null;
        try {
            con = new DBConnect();
            con.prepareStatement("select * from merchandise where merchandise.id = ?");
            con.setInt(1, id);
            rs = con.executeQuery();
            while (rs.next()){
                bp = new BookPojo();
                bp.setId(rs.getInt("id"));
                bp.setCategory(rs.getInt("Category"));
                bp.setMerName(rs.getString("MerName"));
                bp.setPrice(rs.getDouble("Price"));
                bp.setSprice(rs.getDouble("SPrice"));
                bp.setMerModel(rs.getString("MerModel"));
                bp.setPicture(rs.getString("Picture"));
                bp.setMerDesc(rs.getString("MerDesc"));
                bp.setManufacturer(rs.getString("Manufacturer"));
                bp.setLeaveFactoryDate(rs.getDate("LeaveFactoryDate"));
                bp.setSpecial(rs.getInt("Special"));
            }
            rs.close();
            con.close();
        } catch (Exception e) {
            // TODO Auto-generated catch block
            e.printStackTrace();
        }finally{
            rs.close();
            con.close();
        }
        return bp;
    }
```

4.4 本章小结

技能回顾

本章重点讲解 JSP 几种常用内置对象的特点及其使用方法。主要包括：JSP 内置对象的特点和作用；request 对象的作用和方法；response 对象的作用和主要方法；session 对象的作用和主要方法；application 对象的作用和主要方法。具体内容如下。

（1）JSP 中为了简化用户的操作，提供了 9 个内置对象，这些内置对象将由容器为用户进行实例化，用户直接使用即可，而不必像在 Java 中那样，必须通过关键字 new 进行实例化对象后才可以使用。

（2）request 对象是使用最多的一个内置对象，其主要作用是接收客户端发送而来的请求信息，如请求的参数、发送的头信息等都属于客户端发来的信息。客户端发送参数可以通过表单提交或者是地址重定向。

（3）response 对象的主要作用是对客户端的请求进行回应，将 Web 服务器处理后的结果发回给客户端。response 对象可实现客户端跳转。同时，可利用 response 对象操作 cookie。

（4）session 对象是 javax.servlet.http.HttpSession 接口的实例化对象。其最主要的操作仍然是属性操作，主要可以完成用户登录的合法性验证。当一个用户连接到服务器后，服务器会自动为此 session 分配一个不会重复的 session ID，服务器依靠这些不同的 session ID 来区分不同的用户。

（5）application 对象是 javax.servlet.ServletContext 接口的实例化对象。如果希望设置一个属性，可以让所有的用户都能看见，则可以将属性范围设置成 application，这样属性即可保存在服务器上。

知识拓展

1. 几种内置对象的属性范围

在 JSP 中提供了 4 种属性的保存范围，所谓属性的保存范围，指的是一个内置的对象，可以在多少个页面中保存并继续使用。4 种属性范围如图 4-18 所示。

page 属性范围：只在一个页面中保存属性，跳转之后无效，如图 4-19 所示。

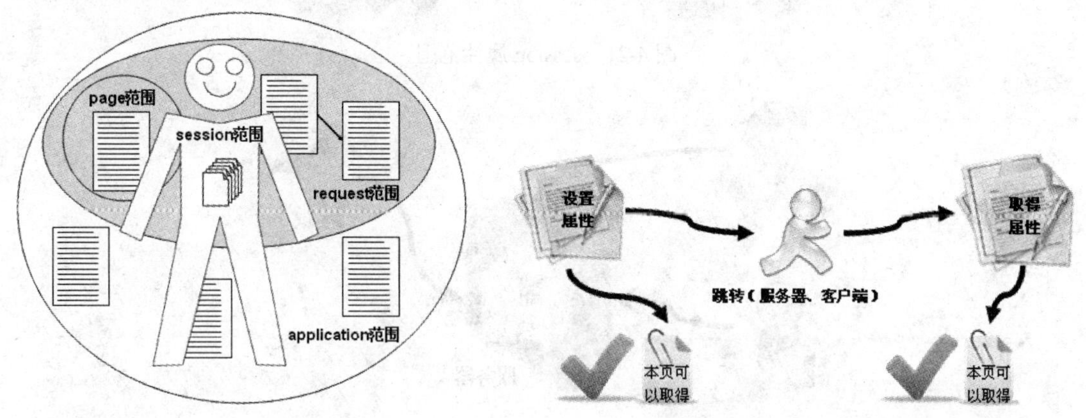

图 4-18　4 种属性范围的图示　　　　图 4-19　page 属性范围

request 属性范围：只在一次请求中保存属性，服务器跳转后依然有效。而客户端跳转后无效，如图 4-20 所示。request 表示的是客户端的请求，正常情况下，一次请求服务器只会给予一次回应，那么这个时候如果是服务器端跳转，请求的地址栏没有改变，所以也就相当于回应了一次，而如果地址栏改变了，就相当于是发出了第二次请求，则第一次请求的内容肯定就已经消失了，所以无法取得。

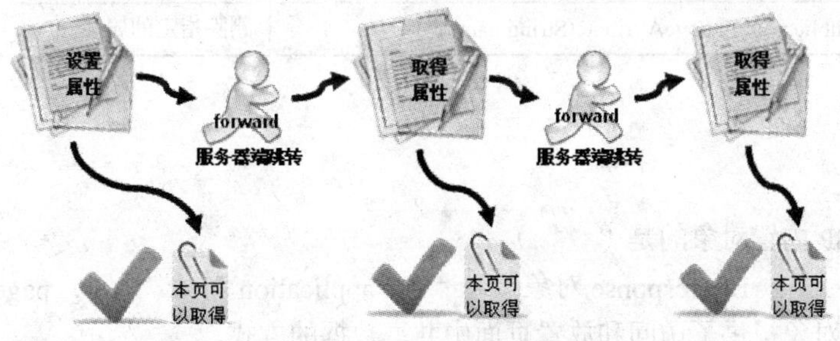

图 4-20　request 属性范围

session 属性范围：在一次会话范围内，无论何时跳转都可以使用。但是新开浏览器无法使用，如图 4-21 所示。如果希望一个属性设置之后，可以在任何一个与设置页面相关的页面中取得的话，则可以使用 session 属性范围，使用 session 设置属性之后，不管是客户端跳转还是服务器端跳转，只要属性设置了就都可以取得。

application 属性范围：在整个服务器上保存，所有用户都可以使用，如图 4-22 所示。如果现在希望设置一个属性，可以让所有的用户（每一个 session）都能看得见的话，则可以将属性范围设置成 application，这样属性就保存在了服务器之上。

2. 属性的操作方法

在本章前面的内容中，对内置对象来说，最主要的就是属性的操作，属性的操作常用方法如表 4-9 所示。

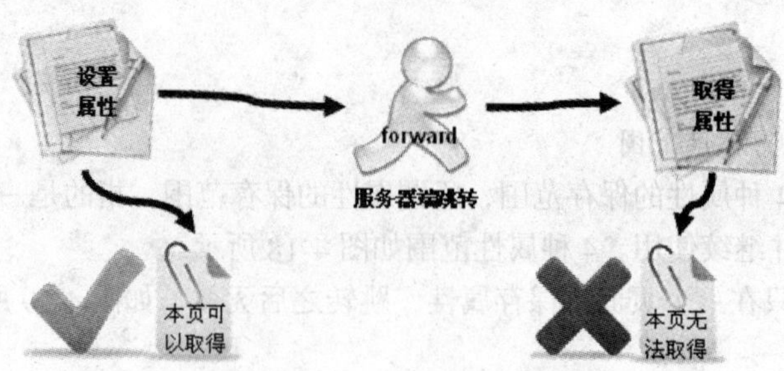

图 4-21 session 属性范围

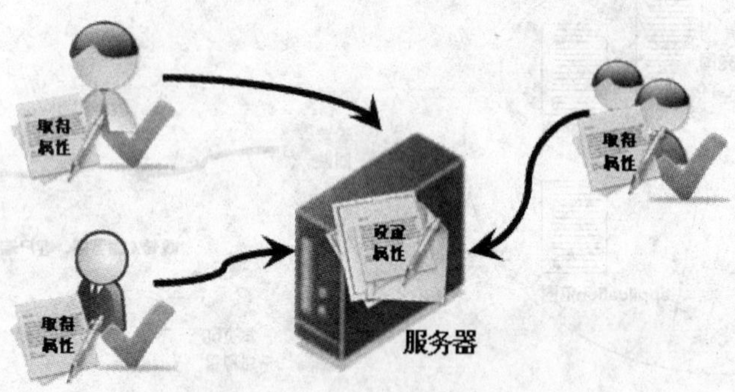

图 4-22 application 属性范围

表 4-9 属性的常用操作方法

序　号	方　　法	描　　述
1	public void setAttribute(String name,Object o)	设置属性的名称及内容
2	public Object getAttribute(String name)	根据属性名称取得属性
3	public void removeAttribute(String name)	删除指定的属性

4.5 实战练习

一、选择题

1. 下面不属于 JSP 内置对象的是（　　）。

   A. out 对象　　B. response 对象　　C. application 对象　　D. page 对象

2. 以下（　　）对象提供了访问和放置页面中共享数据的方式。

   A. pageContext　　B. response　　C. request　　D. session

3. 调用 getCreationTime()可以获取 session 对象创建的时间，该时间的单位是（　　）。

   A. 秒　　B. 分秒　　C. 毫秒　　D. 微秒

4. 当 response 的状态行代码为（　　）时，表示用户请求的资源不可用。

   A. 101　　B. 202　　C. 303　　D. 404

5. 一个典型的 HTTP 请求消息包括请求行、多个请求头和（　　）。

   A. 响应行　　B. 信息体　　C. 响应体　　D. 响应头

6. 在 JSP 中为内置对象定义了 4 种作用范围，即 Application Scope、Session Scope、Page Scope 和（　　）4 种作用范围。

   A. Request Scope　　B. Response Scope

   C. Out　Scope　　D. Writer Scope

7. out 对象是一个输出流，其输出各种类型数据并换行的方法是（ ）。

A. out.print( ) B. out.newLine( )

C. out.println( ) D. out.write( )

8. out 对象是一个输出流，其输出换行的方法是（ ）。

A. out.print( ) B. out.newLine( )

C. out.println( ) D. out.write( )

9. out 对象是一个输出流，其输出不换行的方法是（ ）。

A. out.print( ) B. out.newLine( )

C. out.println( ) D. out.write( )

10. Form 表单的 method 属性能取下列（ ）的值。

A. submit B. puts C. post D. out

11. 能在浏览器的地址栏中看到提交数据的表单提交方式是（ ）。

A. submit B. get C. post D. out

12. 可以利用 request 对象的（ ）方法获取客户端的表单信息。

A. request.getParameter() B. request.outParameter()

C. request.writeParameter() D. request.handlerParameter()

13. 可以利用 JSP 动态改变客户端的响应，使用的语法是（ ）。

A. response.setHeader() B. response.outHeader()

C. response.writeHeader() D. response.handlerHeader()

14. JSP 页面中 request.getParameter(String)得到的数据，其类型是（ ）。

A. Double B. int C. String D. Integer

15. JSP 页面程序片中可以使用下列（ ）方法将 strNumx=request.getParameter("ix")得到的数据类型转换为 Double 类型。

A. Double.parseString(strNumx) B. Double.parseDouble(strNumx)

C. Double.parseInteger(strNumx) D. Double.parseFloat(strNumx)

16. 在 J2EE 中，request 对象的（ ）方法可以获取页面请求中一个表单组件对应多个值时的用户请求数据。

A. String getParameter(String name)

B. String[] getParameter(String name)

C. String getParameterValues(String name)

D. String[] getParameterValues(String name)

17. 在 J2EE 中，test.jsp 文件中有如下一行代码：<jsp:useBean id="user"scope ="_"type="com.UserBean"/>，要使 user 对象只能在使用 test.jsp 时使用，当加载页面时就会将其销毁。下划线中应填入（ ）。

A. page B. request C. session D. application

18. Web 应用中，常用的会话跟踪方法不包括（ ）。

A. URL 重写 B. Cookie C. 隐藏表单域 D. 有状态 HTTP 协议

19. 在 J2EE 中，以下不是 JSP 隐式对象的是（ ）。

A. pageContext B. context C. application D. out

20. 给定一个 JSP 程序源码如下：

```
<jsp:include page = "two.jsp"flush = "true">
<jsp:param name = "location"value = "beijing"/>
```

```
</jsp:include>
```

在 two.jsp 中加入（ ）代码片断可以输出参数 location 的值。

A. <jsp:getParam name = “location”>　　B. <jsp:getParameter name = “location”>

C. <%=request.getAttribute(“location”)%>　　D. <% = request.getParameter(“location”)%>

二、实战任务

1. 使用 JSP+JDBC 完成一个用户登录程序，登录成功后可以使用 session 进行用户的登录验证，用户根据需要也可以直接进行系统的退出操作。

   说明：用户表请自己建立。

2. 修改上面的程序，可以在用户登录时记住密码，这样下次登录时就可以不用再输入密码而直接进行登录。

提示：

（1）可以使用 Cookie 完成信息的保存。

（2）可以让用户选择密码的保存时间，如保存一天、一月、一年或者选择不保存等。

3. 使用 JSP 内置对象完成雇员表的增、删、改、查等操作。Emp 表的结构如表 4-10 所示

表 4-10 emp 表的结构

序 号	列 名 称	描 述
1	Empno	雇员编号，数字
2	Ename	雇员姓名，字符串
3	Job	雇员工作，字符串
4	Hiredate	雇用日期
5	Sal	薪水
6	Comm	奖金

程序的具体要求如下。

（1）添加雇员：通过表单输入雇员的基本信息，输入表单时要对输入的数据进行有效性验证，添加成功或者失败均要给出提示信息。

（2）查询雇员：以列表的形式显示所有的雇员信息，也可以进行雇员的模糊查询，要求分页。

（3）修改雇员：修改雇员时要求根据雇员的编号找到相应的信息，然后以表单的形式提交新的数据，修改成功或者失败均要给出提示信息。

（4）删除雇员：通过给定的雇员编号删除具体的雇员信息，雇员删除成功或者失败后均要给出提示信息。

4. 完成一个购物车程序的开发

用户登录到服务器上后打开所有的产品列表，然后选择将产品添加到购物车中，所有已购买的商品可以在用户的购物车中列出。

提示：每一个用户都有自己的 session，所以，所谓的购物车就是将数据暂时保存在 session 属性范围内，而且要购买的产品是多个，所以就必须在 session 中保存一个集合对象。

第 5 章 使用 Servlet 实现购物功能

使用 JSP 可以完成动态 Web 页的开发，但是从开发出来的代码可以发现，一个页面上会存在大量的 Java 代码，而要想让开发出来的页面更加干净、整洁，则可以使用 Servlet 来完成。

本章重点讲解 Servlet 的基本结构及主要作用，主要包括 Servlet 的生命周期与对应的操作方法、内置对象在 Servlet 中的应用、过滤器的基本原理及应用、监视器的基本原理及应用等。

5.1 工作任务与技能目标

工作任务

（1）创建、配置、调用 Servlet。
（2）使用 Servlet 读取表单数据。
（3）使用 Servlet 过滤器进行身份验证。
（4）使用 Servlet 监听器统计在线人数。
（5）实现“网上书店”购物车功能。

技能目标

（1）理解 Servlet 的生命周期。
（2）会使用 Servlet 处理 GET、POST 请求。
（3）会使用 Servlet 接收表单数据，处理页面的转向。
（4）掌握内置对象在 Servlet 中的应用。
（5）能够使用过滤 Servlet 实现登录验证。
（6）能够使用监听 Servlet 统计在线人数。

5.2 Servlet 的基本使用

任务一：创建第一个 Servlet

【任务描述】

创建第一个 Servlet 类。

【工作目标】

掌握 Servlet 的基本编写方法。

【任务分析】

Servlet 是使用 Java 语言编写的服务器端小程序，可以像 JSP 一样生成动态的 Web 页。Servlet 主要运行在服务器端，并由服务器调用执行以处理客户端的请求，并作出响应。

一个 Servlet 就是一个 Java 类，更直接地说，Servlet 是能够使用 print 语句产生动态 HTML 内容的 Java 类。Servlet 处理的基本流程如图 5-1 所示。

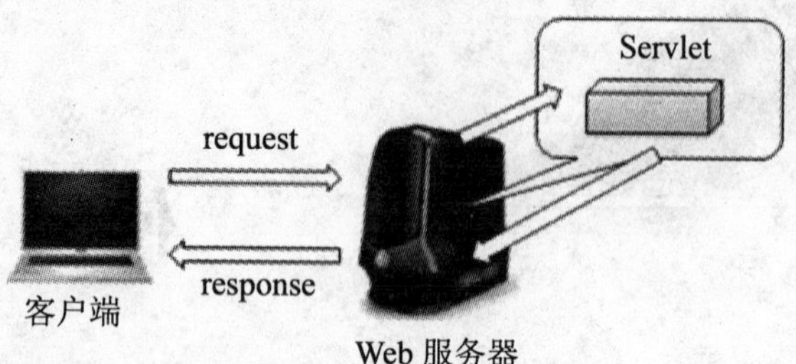

图 5-1　Servlet 处理的基本流程

从图 5-1 中可以看出，Servlet 程序将按照如下步骤进行处理。

（1）客户端（Web 浏览器）通过 HTTP 提出请求。

（2）Web 服务器接收该请求并将其发送给 Servlet。如果这个 Servlet 尚未被加载，Web 服务器将把它加载到 Java 虚拟机并且执行它。

（3）Servlet 程序将接收该 HTTP 请求并执行某种处理。

（4）Servlet 会将处理后的结果向 Web 服务器返回应答。

（5）Web 服务器将从 Servlet 收到的应答发回给客户端。

要开发一个可以处理 HTTP 请求的 Servlet 程序，则必须要继承 HttpServlet 类，HttpServlet 作为一个抽象类可用来创建用户自己的 Servlet，HttpServlet 子类至少要重写以下方法中的一个：doGet()和 doPost()。HttpServlet 类提供 doGet()方法处理 form 表单的 GET 请求，并提供 doPost()方法处理 form 表单的 POST 请求。

【关键步骤】

（1）新建 Web Project，项目名称为“ChatFive”，Content root URL 为“/ChatFive”。

（2）在项目的 src 文件夹上单击鼠标右键，新建包，命名为“one”。

（3）在包“one”上单击鼠标右键，新建“Servlet”，如图 5-2 所示。

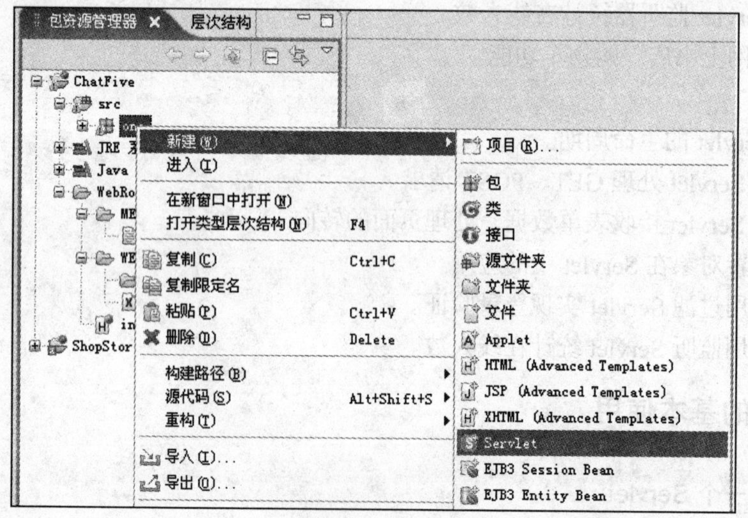

图 5-2　创建 Servlet

（4）输入 Servlet 名称，选择超类“javax.servlet.http.HttpServlet”，并选中“Create doGet”和“Create doPost”两个复选框，单击“下一步”按钮，如图 5-3 所示。

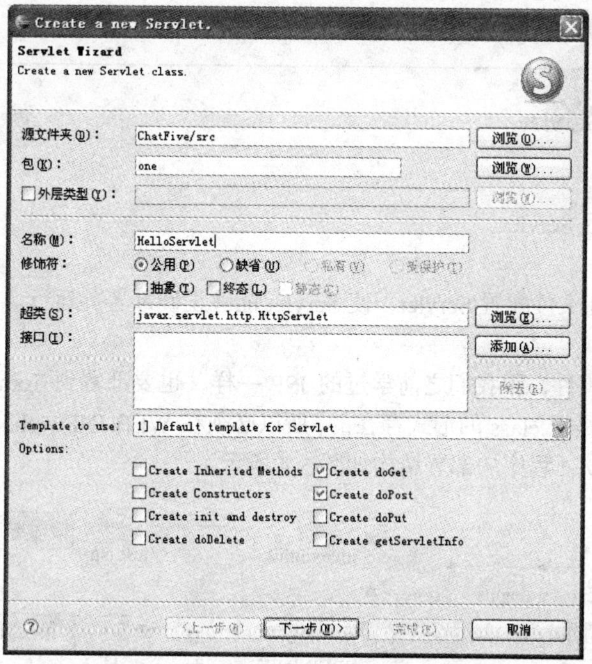

图 5-3　输入 Servlet 名称、超类和选择方法

（5）Servlet 创建成功，编写代码，在网页上输出“Hello World!!!”。

```
package one;
import java.io.IOException;
import java.io.PrintWriter;
import javax.servlet.ServletException;
import javax.servlet.http.HttpServlet;
import javax.servlet.http.HttpServletRequest;
import javax.servlet.http.HttpServletResponse;
public class HelloServlet extends HttpServlet {          // 继承 HttpServlet
    public void doGet(HttpServletRequest req, HttpServletResponse resp) throws
ServletException, IOException {                          // 重写 doGet()方法
        PrintWriter out = resp.getWriter();              // 准备输出
        out.println("<html>");                           // 输出 HTML 元素
        out.println("<head><title>Servlet Demo</title></head>");// 输出 HTML 元素
        out.println("<body>");                           // 输出 HTML 元素
        out.println("<h1>Hello World!!!</h1>");          // 输出 HTML 元素
        out.println("</body>");                          // 输出 HTML 元素
        out.println("</html>");                          // 输出 HTML 元素
        out.close() ;                                    // 关闭输出
    }
}
```

该程序首先从 HttpServletResponse 对象中取得一个输出流对象，然后通过打印流输出各个 HTML 元素。

如果客户端使用 GET 方法提交请求，那么就把所有的接收数据、处理数据和响应代码放到 Servlet 的 doGet()方法中，同样，如果客户端使用 POST 方法提交请求，那么就把所有的接收数据、处理数据和响应代码放到 Servlet 的 doPost()方法中。

提示：通过浏览器输入一个地址，对于服务器来说相当于客户端发出了一个 GET 请求，会自动调用 Servlet 类的 doGet()方法。

任务二：配置和调用 Servlet

【任务描述】

配置 Servlet，运行 Servlet。

【工作目标】

通过修改 web.xml 文件配置 Servlet，使 Servlet 能够正确部署并运行。

【任务分析】

Servlet 作为一个组件，跟我们之前学过的 JSP 一样，也要部署到 Tomcat 中才能运行。因为所有的 Servlet 程序都是以.class 的形式存在的，所以必须在 WEB-INF\web.xml 文件中进行 Servlet 程序的映射配置。Servlet 程序的部署结构如图 5-4 所示。

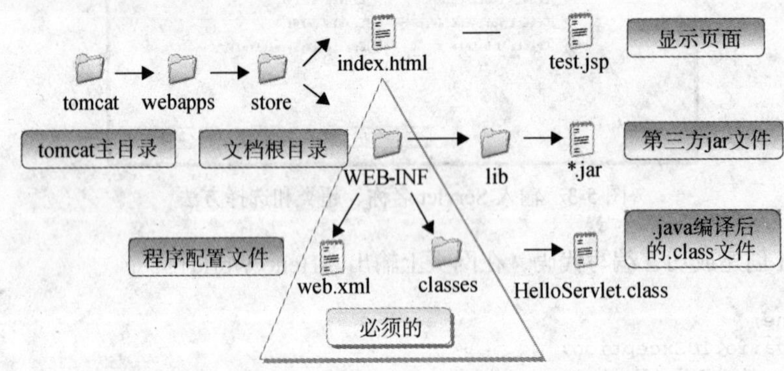

图 5-4 Servlet 程序部署结构

【关键步骤】

1. 打开 web.xml 文件

在使用 Eclipse 创建 Web 项目时，Eclipse 会为我们创建一个 web.xml 文件。我们称之为部署文件(DD)。该文件在程序运行 Servlet 时起到一个“总调度”的作用。它会告诉容器如何运行 Servlet 和 JSP 文件。

如图 5-5 所示，在“WebRoot”->“WEB-INF”文件夹下，找到“web.xml”文件，单击鼠标右键，打开该文件。

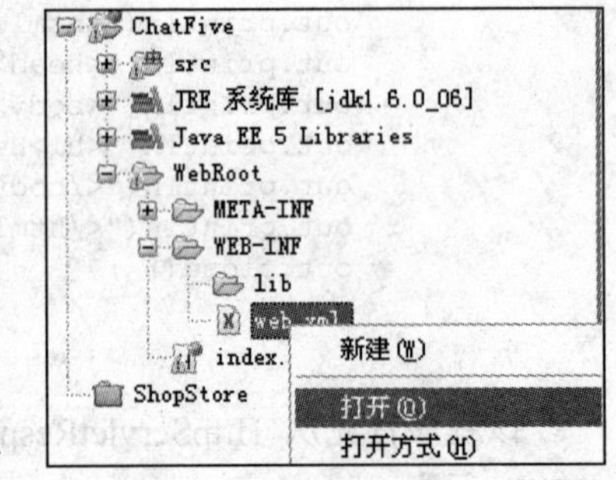

图 5-5 打开 web.xml 文件

2. 配置 web.xml 文件

在 web.xml 中使用两个 XML 元素（<servlet>和<servlet-mapping>）把用户访问的 URL 映射到 Servlet，其中<servlet-mapping>将用户访问的 URL 映射到 Servlet 的内部名，<servlet>元素把 Servlet 内部名映射到一个 Servlet 类名（包名+类名）。web.xml 文件的内容如下所示。

```
<web-app>
<servlet>                                              <!-- 定义 servlet -->
        <servlet-name>hello</servlet-name>             <!-- 与 servlet-mapping 相对应 -->
        <servlet-class>                                <!-- 定义包、类名称 -->
```

```
            five.HelloServlet
        </servlet-class>
</servlet>
<servlet-mapping>                                    <!-- 映射路径 -->
        <servlet-name>hello</servlet-name>           <!-- 与 servlet 相对应 -->
        <url-pattern>/helloServlet</url-pattern>     <!-- 页面的映射路径 -->
</servlet-mapping>
</web-app>
```

程序说明：当客户端发送一个请求的 URL 指定到<servlet-mapping>中的<url-pattern>值的时候，容器会根据相应的<servlet-name>值，在<servlet>元素范围内查找<servlet-name>对应的<servlet-class>类，然后去执行该类的 doGet()方法或者 doPost()方法。

3. *部署项目*

跟我们之前学习 JSP 时一样，在 Eclipse 的工具栏中选择部署工具，将我们的项目部署到 Tomcat 的 webapp 文件夹下。

4. *重启 Tomcat 服务*

在 Servlet 和 web.xml 文件被修改以后，要重新启动 Tomcat 服务器，新的配置才能够起作用。

5. *在浏览器中运行程序*

在 IE 的地址栏中输入"http://localhost:8080/ChatFive/ HelloServlet"，运行结果如图 5-6 所示。

说明：通过浏览器输入一个地址，对于服务器来说相当于客户端发出了一个 GET 请求，会自动调用 Servlet 类的 doGet()方法。

图 5-6 HelloServlet 的运行结果

5.3 Servlet 的典型使用

任务三：使用 Servlet 读取 HTML 表单数据

【任务描述】

实现登录功能，使用 Servlet 接收登录表单的数据，进行处理，并返回响应页面。

【工作目标】

使用 Servlet 读取指定的表单数据，处理数据，并根据处理结果进行页面跳转。

【任务分析】

Servlet 本身也存在 HttpServletRequest 和 HttpServletResponse 对象的声明，所以可以使用 Servlet 接收用户所提交的内容。

【关键步骤】

（1）新建登录表单——logindemo/login.html。

```
<html>
  <head>
   <title>登录</title>
  </head>
  <body>
     <form action="LoginServlet"  method="get" name="form1">
       用户名: <input type="text" name="username"/> <br>
       密  码: <input type="password" name="password"/> <br>
       <input type="submit" value="登录"/>
       <input type="reset" value="重置"/>
     </form>
```

```
  </body>
</html>
```

程序说明：在提交表单时，会提交到 LoginServlet 路径上，由于此时表单使用的提交方法是 GET，因此在编写 Servlet 程序中会使用 doGet()方法。

（2）编写成功页面和失败页面。

登录成功页面 success.jsp。

```
<%@ page language="java" import="java.util.*" pageEncoding="GBK"%>
<html>
  <head>
    <title>登录成功</title>
  </head>
  <body>
    恭喜你，登录成功！！ <br>
  </body>
</html>
```

登录失败页面 failure.jsp。

```
<%@ page language="java" import="java.util.*" pageEncoding="GBK"%>
<html>
  <head>
    <title>登录失败</title>
  </head>
  <body>
    用户名或者密码错误，登录失败!!! <br>
  </body>
</html>
```

（3）编写读取表单数据并进行处理、跳转的 Servlet 文件 LoginServlet.java。

在项目的 src 文件夹下，新建包“login”，在该包中新建 Servlet，命名为“LoginServlet”，并且选中 doGet()和 doPost()两个方法。

```
package login;
import java.io.IOException;
import java.io.PrintWriter;
import javax.servlet.ServletException;
import javax.servlet.http.HttpServlet;
import javax.servlet.http.HttpServletRequest;
import javax.servlet.http.HttpServletResponse;
public class LoginServlet extends HttpServlet {
     public void doGet(HttpServletRequest request, HttpServletResponse response)
             throws ServletException, IOException {
         //取得客户端用户输入的数据
         String username=request.getParameter("username");
         String password=request.getParameter("password");
         //进行数据验证，完成页面跳转
         if(username.equals("dky")&&password.equals("dky")){
              response.sendRedirect("success.jsp");
                                   //如果输入的用户名和密码全是"dky"，则转向成功页面
         }
         else{
              response.sendRedirect("error.jsp");    //如果不符合要求，转向错误页面
         }
     }
     public void doPost(HttpServletRequest request, HttpServletResponse response)
            throws ServletException, IOException {
         //如果客户端使用 POST 方式提交请求，则调用 doGet()方法
```

```
            doGet(request,response);
        }
}
```

程序说明：表单提交方式有两种，相应的在 Servlet 中也提供了两种接收请求数据的方法，但是如何保证提交的方法和接收的方法永远都能对应上呢？简单的办法就是把处理代码都写在 doGet()中，在 doPost()方法中调用 doGet()，这样就能保证无论客户端使用什么方法提交请求，程序都能正确接收到数据。

（4）配置 web.xml，注意映射路径。

```
<servlet>
    <servlet-name>LoginServlet</servlet-name>
    <servlet-class>login.LoginServlet</servlet-class>
</servlet>
<servlet-mapping>
    <servlet-name>LoginServlet</servlet-name>
    <url-pattern>/logindemo/LoginServlet</url-pattern>
</servlet-mapping>
```

在配置 LoginServlet 时，可以发现，<url-pattern>配置成了"/logindemo/LoginServlet"。之所以这样配置，是因为 login.html 页面保存在 logindemo 文件夹内，而 login.html 中表单的 action 设置的是 LoginServlet，那么要想进行正确访问，则路径必须对应上，否则会出现文件找不到错误。

程序的运行结果如图 5-7 所示（注意观察页面路径）。

图 5-7 接收表单数据，进行处理后页面跳转

提示：在实际开发中，经常会出现找不到 Servlet 而报的 404 错误。面对这种问题，一定要耐心观察每一步的提交路径，提交后的路径是否与配置的 Servlet 路径一致。更为直接的方法是：在表单的 action 中把其路径设置为"<%=request.GetContentPath()%>/logindemo/LoginServlet"，也可以完成。

任务四：使用 Servlet 过滤器进行身份验证

【任务描述】

在前面学习 JSP 时，用户身份验证成功后的信息将会保存在 session 中，在以后的操作中，只需要对保存在 session 中的信息进行验证和查看即可。但是如果有多个页面需要进行这些验证工作，在每个页面上都加上验证代码，就会增加许多冗余的代码，如果不进行验证，又会带来安全隐患。想要既安全又方便地完成身份验证的工作，可以使用 Servlet 的过滤器技术。

【工作目标】

在 Web 应用系统中使用 Servlet 过滤器实现身份验证。

【任务分析】

JSP 可以完成的功能一般 Servlet 都能完成，但是 Servlet 具备的很多功能是 JSP 所不具备的，从使用上来说 Servlet 可以分为简单 Servlet、过滤 Servlet(过滤器)和监听 Servlet（监听器）3 种。

1. 过滤器的基本概念

Filter是Servlet 2.3之后新增加的功能，当需要限制用户访问某些资源或者处理请求时提前处理某些资源时，可使用过滤器完成。

过滤器是以组件的形式绑定到Web应用程序中的，与其他的Web应用程序组件不同的是，过滤器采用了“链”的方式进行处理，如图5-8所示。

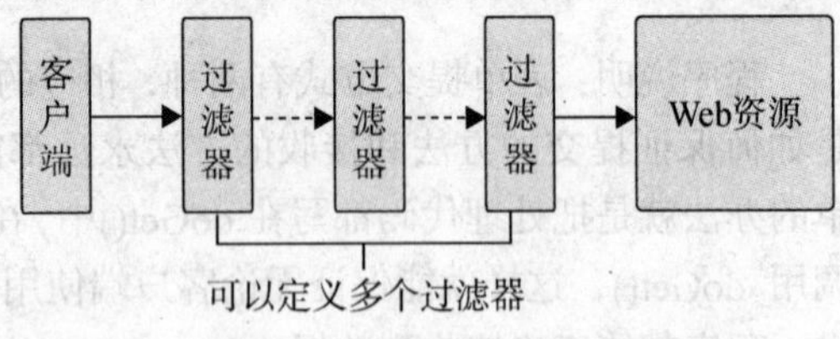

图5-8 过滤器的操作原理

在没有使用过滤器以前，客户端都是直接请求Web资源的，但是一旦加入了过滤器，从图5-8中可以看出，所有的请求都是先交给了过滤器处理，然后再访问相应的Web资源，可以达到某些资源的访问限制。

2. 实现过滤器

在Servlet中，如果要定义一个过滤器，则直接让一个类实现javax.servlet.Filter接口即可，此接口定义了3种操作方法。如表5-1所示。

表5-1 Filter接口定义的方法

序号	方 法	描 述
1	public void init(FilterConfig filterConfig) throws ServletException	过滤器初始化时调用（容器启动时初始化），可以通过FilterConfig取得配置的初始化参数
2	public void doFilter(ServletRequest request, Servlet Response response,FilterChain chain) throws IOException, Servlet Exception	完成具体的过滤操作，然后通过FilterChain让请求继续向下传递
3	public void destroy()	过滤器销毁时使用

在表5-1所示的3种方法中，最需要注意的是doFilter()方法，在此方法中定义了ServletRequest、ServletResponse、FilterChain 3个参数，前两个参数的设置使得过滤器可以完成对任意协议的过滤操作。FilterChain接口的主要作用是将用户的请求向下传递给其他的过滤器或者是Servlet。

在FilterChain接口中依然定义了一个同样的doFilter()方法，这是因为在一个过滤器后面可能存在着另外一个过滤器，也可能是请求的最终目标（Servlet），这样就通过FilterChain形成了一个“过滤链”的操作，所谓的过滤链就类似于生活中玩的击鼓传花游戏，如图5-9所示。

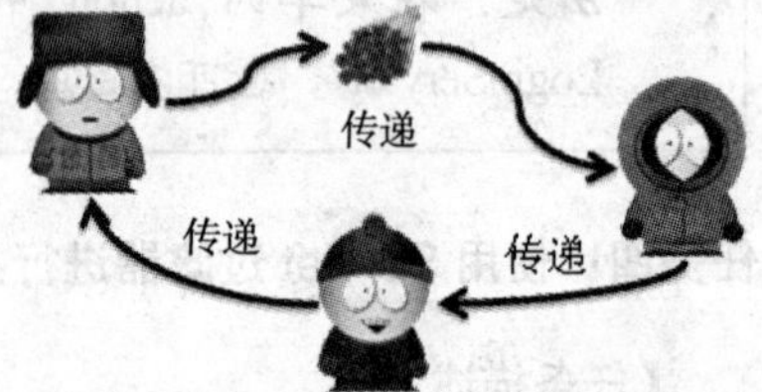

图5-9 击鼓传花游戏

在击鼓传花游戏中，每一位参加游戏的人员都知道下一位接收者是谁，所以只需要将“花”一直传递下去即可。在过滤器中，实际上请求就相当于所传的“花”，而传递时不管中间有何种操作，都要一直传递下去。

【关键步骤】

1. 新建过滤器

在我们的项目ChatFive中，在src下新建包“filterdemo”，在该包中新建类“LoginFilter”，在新建类的窗口中，设置该类要实现的接口为Filter，代码如下所示（假设登录后保存的session属性名称为userid）。

```
package filterdemo;
import java.io.IOException;
import javax.servlet.Filter;
import javax.servlet.FilterChain;
```

```
import javax.servlet.FilterConfig;
import javax.servlet.ServletException;
import javax.servlet.ServletRequest;
import javax.servlet.ServletResponse;
import javax.servlet.http.HttpServletRequest;
import javax.servlet.http.HttpSession;
public class LoginFilter implements Filter {
    public void init(FilterConfig config) throws ServletException {
         //接收初始化的参数
        String initParam = config.getInitParameter("ref") ;
        System.out.println("** 过滤器初始化，初始化参数=" + initParam) ;
    }
    public void doFilter(ServletRequest request, ServletResponse response,
            FilterChain chain) throws IOException, ServletException {// 执行过滤
        HttpServletRequest req = (HttpServletRequest) request ;        // 向下转型
        HttpSession ses = req.getSession() ;                       // 取得 session
        if (ses.getAttribute("userid") != null) {                  // 判断是否登录
            chain.doFilter(request, response);                     // 传递请求
        } else {                                                   // 没有登录
            request.getRequestDispatcher("../logindemo/login.jsp")
                    .forward(request, response);                   // 跳转到登录页面
        }
    }
   public void destroy() {
        System.out.println("** 过滤器销毁。") ;
    }
}
```

本程序中，LoginFilter 类实现了 Filter 接口，所以必须重写 Filter 接口中定义的 3 个方法。

session 本身属于 HTTP 协议的范畴，但是 doFilter()方法中定义的是 ServletRequest 类型的对象，那么要想取得 session,则必须向下转型，将 ServletRequest 变为 HttpServletRequest 接口对象，才能通过 getSession()方法取得 session 对象。在前面我们讲过的 LoginServlet 中，如果要设置 session，也要按这个方法进行。

```
HttpServletRequest req = (HttpServletRequest) request ;  // 向下转型
    HttpSession ses = req.getSession() ;                 // 取得 session
```

2. 配置 web.xml

过滤器创建完成后，会在容器启动时自动加载，要想正确加载，需要在 web.xml 文件中进行正确配置。配置 web.xml 文件如下所示。

```
<filter>
    <filter-name>login</filter-name>
    <filter-class>filterdemo.SimpleFilter</filter-class>
    <init-param>
       <param-name> ref</param-name>
       <param-value>Hello Filter</param-value>
    </init-param>
  </filter>
  <filter-mapping>
    <filter-name>login</filter-name>
<url-pattern>/test/*</url-pattern>
</filter-mapping>
```

从上述程序可以看出，过滤器的配置与 Servlet 的配置样式非常相似，但要注意的是，这里的<url-pattern>表示一个过滤器的过滤位置，“/test/*”表示对 test 文件夹下的所有文件进行过滤，如果是“/*”，则表示对于根目录下的一切操作都需要过滤。可以设置多个过滤位置，但是要注意，

供用户进行登录的页面不能包含在过滤页中，否则，用户将无法进行登录。

3. 测试过滤器

在前面的 LoginServlet.java 中，获取用户输入的数据后，如果是正确的用户名和密码，则获得 session，并添加 userid 属性。

```
if(username.equals("dky")&&password.equals("dky")){
        HttpServletRequest req=(HttpServletRequest)request;
        H HttpSession session=req.getSession();
        H session.setAttribute("userid", "dky");
        H response.sendRedirect("success.jsp");
                    //如果输入的用户名和密码全是"dky"，则转向成功页面
    }
```

在 WebRoot 下面新建文件夹“test”，在“test”中新建 JSP 文件“testFilter.jsp”。

在浏览器中输入“http://localhost:8080/ChatFive/test/testFilter”，程序运行界面如图 5-10 所示，说明过滤器发挥了用户身份验证的作用。

a）没有登录文前，跳转到登录页面

b）自登录后，则能够打开该页面

图 5-10　验证过滤器

任务五：使用 Servlet 监听器统计在线人数

【任务描述】

在线人员列表和在线人数统计是一个较为常见的功能，这个功能在 Web 中只能靠监听器实现，该任务将使用 HttpSessionListener 接口实现在线人数统计。

【工作目标】

- 掌握监听器的主要作用
- 掌握监听器的实现及配置
- 通过监听器完成一个在线人员列表的功能

【任务分析】

第 3 种 Servlet 程序称为监听 Servlet，主要功能是负责监听 Web 的各种操作，当相关的事件触发之后将产生事件，并对此事件进行处理，如图 5-11 所示。在 Web 中可以对 application、session、request 3 种操作进行监听。

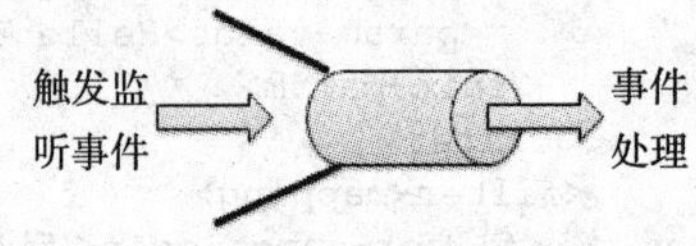

图 5-11　监听 Servlet

1. 对 application 进行监听

对 application 进行监听，实际上就是对 ServletContext（Servlet 上下文）进行监听，主要使用 ServletContextListener 和 ServletContextAttributeListener 两个接口。

（1）上下文状态监听:ServletContextListener 接口。

对 Servlet 上下文状态进行监听可以使用 javax.servlet.ServletContextListener 接口，此接口定义的方法如表 5-2 所示。

表 5-2 ServletContextListener 接口定义的方法

方　法	描　述
public void contextInitialized(ServletContextEvent sce)	容器启动时调用
public void contextDestroyed(ServletContextEvent sce)	容器销毁时调用

在上下文状态监听操作中，一旦触发了 ServletContextListener 接口中定义的事件之后，可以通过 ServletContextEvent 进行事件的处理，此事件定义的方法如表 5-3 所示。

表 5-3 ServletContextEvent 事件定义的方法

方　法	描　述
public ServletContext getServletContext()	取得 ServletContext 对象

可以通过 getServletContext()方法取得一个 ServletContext 对象的实例，下面通过代码进行演示。在项目的 src 下新建包“listenerdemo”，在该包下面新建类“ServletContextListenerDemo”，在新建类的窗口中选择接口“ServletContextListener”，并重写该接口的两个方法，代码如下所示。

```
package listenerdemo;
import javax.servlet.ServletContextEvent;
import javax.servlet.ServletContextListener;
public class ServletContextListenerDemo implements ServletContextListener {
     public void contextDestroyed(ServletContextEvent e) {
          // 上下文销毁时触发
          System.out.println("--容器关闭时，该方法被执行--");
     }
     public void contextInitialized(ServletContextEvent arg0) {
          // 上下文初始化时触发
          System.out.println("--容器启动时，该方法被执行--");
     }
}
```

配置 web.xml 文件。

```
<listener>
  <listener-class>
     listenerdemo.ServletContextListenerDemo
  </listener-class>
</listener>
```

在本程序的容器初始化和销毁操作中，触发 ServletContextEvent 事件，产生该事件的一个实例，并且调用相应的事件处理方法。所以当容器启动和关闭时，在 Tomcat 后台将会出现以下显示内容。

容器启动时打印：--容器关闭时，该方法被执行--

容器销毁时打印：--容器关闭时，该方法被执行—

（2）对上下文属性进行监听。

ServletContextAttributeListener 接口用于监听 Web 应用属性改变的事件，包括增加属性、删除属性、修改属性，监听器类需要实现该接口。此接口定义的方法如表 5-4 所示。

表 5-4 ServletContextAttributeListener 接口定义的方法

方 法	描 述
public void attributeAdded(ServletContextAttributeEvent e)	增加属性时调用
public void attributeRemoved(ServletContextAttributeEvent e)	删除属性时调用
public void attributeReplaced(ServletContextAttributeEvent e)	重置属性时调用

在对上下文属性进行监听的操作中，一旦触发了 ServletContextAttributeListener 接口中定义的事件，可以通过 ServletContextAttributeEvent 进行事件的处理,此事件定义的方法如表 5-5 所示。

表 5-5 ServletContextAttributeEvent 事件定义的方法

方 法	描 述
public String getName()	取得设置的属性名称
public Object getValue()	取得设置的属性内容

2. HTTP 会话监听（对 session 进行监听）

在监听器中，针对 session 的监听操作主要使用 HttpSessionListener、HttpSessionAttributeListener、HttpSessionBindingListener 接口来实现。

（1）session 状态监听。

HttpSessionListener 接口主要用于对创建和销毁 session 的操作进行监听。该接口定义的方法如表 5-6 所示。

表 5-6 HttpSessionListener 接口定义的方法

方 法	描 述
public void sessionCreated(HttpSessionEvent e)	session 创建时调用
public void sessiondestroyed(HttpSessionEvent e)	session 销毁时调用

当 session 创建或者销毁时，将产生 HttpSessionEvent 事件，此事件定义的方法如表 5-7 所示。

表 5-7 HttpSessionEvent 事件定义的方法

方 法	描 述
public HttpSession getSession()	取得当前的 session

（2）session 属性监听。

HttpSessionAttributeListener 接口主要用于对 session 属性操作进行监听。该接口定义的方法如表 5-8 所示。

表 5-8 HttpSessionAttributeListener 接口定义的方法

方 法	描 述
public void attributeAdded(HttpSessionBindingEvent e)	增加属性时调用
public void attributeRemoved(HttpSessionBindingEvent e)	删除属性时调用
public void attributeReplaced(HttpSessionBindingEvent e)	重置属性时调用

当对 session 进行属性操作时，将会产生 HttpSessionBindingEvent 事件，并调用监听器中相应的方法。HttpSessionBindingEvent 事件定义的方法如表 5-9 所示。

表 5-9 HttpSessionBindingEvent 事件定义的方法

方 法	描 述
public HttpSession getSession()	取得当前的 session
public String getName()	取得设置的属性名称
public Object getValue()	取得设置的属性内容

3. Servlet 请求监听（对 request 进行监听）

在监听器中，针对 request 的监听操作主要使用 ServletRequestListener、ServletRequestAttributeListener 接口来实现。

（1）ServletRequestListener 接口。该接口与 ServletContextListener 接口类似，也提供了两个方法，只需要将 ServletContext 改为 ServletRequest 即可。

（2）ServletRequestAttributeListener 接口。该接口与 ServletContextAttributeListener 接口类似，也提供了 3 个方法，只需要将 ServletContext 改为 ServletRequest 即可。

【关键步骤】

（1）在 src 下，本任务的包为 listenerdemo,新建实现计数功能的 Java 类 OnlineCounter.java，代码如下所示。

```
package listenerdemo;
public class OnlineCounter {
    private static long online=0;          //初始化计数器变量 online 为 0
    public static long getOnline(){        //获得在线人数
        return online;
    }
    public static void raise(){            //在线人数增一
        online++;
    }
    public static void reduce(){           //在线人数减一
        online--;
    }
}
```

（2）新建类 OnlineCounterListener.java,该类实现 HttpSessionListener 接口，在重写的方法 sessionCreated 中调用 OnlineCounter 类的 raise()方法，使增加会话时，在线人数增一，在重写的方法 sessionDestroyed 中调用 OnlineCounter 类的 reduce()方法，使移除会话时，在线人数减一。代码如下所示。

```
package listenerdemo;
import javax.servlet.http.HttpSessionEvent;
import javax.servlet.http.HttpSessionListener;
public class OnlineCounterListener implements HttpSessionListener {
  //实现 HttpSessionListener 接口创建会话监听类
    public void sessionCreated(HttpSessionEvent arg0) {
        // TODO 自动生成方法存根
           OnlineCounter.raise();      //创建会话时，人数增一
    }

    public void sessionDestroyed(HttpSessionEvent arg0) {
        // TODO 自动生成方法存根
             OnlineCounter.reduce(); //移除会话时，人数减一
    }
}
```

（3）配置 web.xml 文件，将 OnlineCounterListener 监听类注册到网站应用中，在项目的 web.xml 文件中，添加如下内容。

```
<listener>
    <listener-class>
        listenerdemo.OnlineCounterListener
</listener-class>
</listener>
```

（4）在 WebRoot 的 test 文件夹中编写测试监听类的 JSP 文件 counter.jsp。

```
<%@ page language="java" import="java.util.*" pageEncoding="GBK"%>
<%@ page import="listenerdemo.OnlineCounter" %>
<html>
 <head>
   <title>在线人数统计</title>
 </head>
 <body>
  <h1>当前在线人数：<%=OnlineCounter.getOnline() %></h1>
 </body>
</html>
```

（5）启动服务器 Tomcat，在浏览器的地址栏中输入“http://localhost:8080/test/counter.jsp”，连续两次打开浏览器后，程序运行的界面如图 5-12 所示，说明监听器发挥了监听的作用。

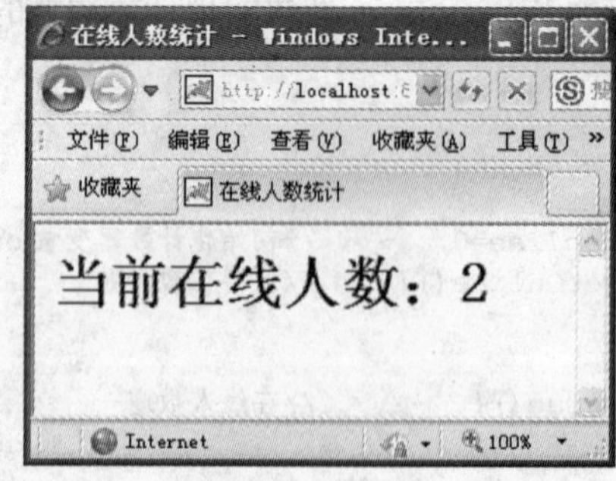

图 5-12　使用监听器实现在线人数统计

5.4　实现“网上书店”的购物车

“网上书店”就是使用网络技术实现网络间买书与卖书的过程。如果我们想去书店买书，过程是这样的：（1）来到书店；（2）查找自己想要的书籍；（3）找到后，翻阅内容以确认；（4）把书放到袋子中；（5）返回到第 2 步继续购物或者结账，过程如图 5-13 所示。

图 5-13　购物过程

现实中的购物过程，也是网络实现的过程。首先登录网上书店，显示所有书籍的名称，如图 5-14 所示。当单击书籍名称、图片或“查看详情”时会显示该书的详细信息，如图 5-15 所示。

图 5-14　显示书籍信息

图 5-15　显示书籍的详细信息

用户选择购买后，将把书籍放入用户虚拟的购物车内，以便区分不同用户的商品，如图 5-16 所示，当用户购买后，进行结账。

图 5-16　将书籍添加到购物车

下面，我们分几个任务来实现购物车功能。

- 设计购物车对象。
- 将书籍添加到购物车中。
- 查看购物车中的商品。

任务六：购物车对象的设计

【任务描述】

在商城中，用户购买的商品首先放在购物车中，对于购物车中的商品，用户可以根据需要进行商品数量的更改、商品的删除等。为了方便对购物车的操作，我们结合数据库设计购物车的实体对象。

【工作目标】

- 面向对象的分析与设计。
- 实体类的设计与实现。
- 业务类的设计与实现。

【任务分析】

让我们回忆去商场购物的场景：每个顾客拥有一辆购物车，以便放入商品；在去收银台结账之前，每个顾客选择的商品会放到一个购物车里，结账时，收银员根据顾客所选商品的价格和数量结算总价格。在电子商城中，我们仍然采用相同的方法，用户在登录后，根据其用户编号拥有一辆购物车（Cart.java），对该用户所选购的书籍（BookPrjo.java），则标注其单价、数量及该商品所在的购物车(CartSelectedmer.java)。这些对象在数据库中都有相对应的表，用户在每次登录时，都能够看到上一次操作时没有生成订单的但仍然在购物车中的商品。用户可对购物车中的商品进行更改数量、删除等操作，我们把这些操作封装成为购物车操作类（CartManage.java）。

“网上书店”数据库的设计可以参照 1.4.2 节内容。购物车功能中用到是 cart、cartselectedmer 这两个表。

【关键步骤】

（1）对应数据库中 cart 表的字段和类型，对网上书店中的实体对象——购物车进行设计，如表 5-10 所示。

表 5-10　Cart.java 属性、类型对照表

属　　性	类　　型	说　　明
ID	int	购物车编号
member	int	拥有该购物车的用户 ID
money	double	购物车中商品的价格总计
cartStatus	int	购物车状态 该购物车中商品是否已经生成订单：1：生成　0：没有

为每个属性增加 setter 和 getter 方法，并且增加构造方法。Cart.java 代码如下所示。

```
package com.pojo;
import java.math.BigDecimal;
public class Cart {
    public int id;
    public int member;
    public Double money;
    public int cartStatus = 0;
    public int getCartStatus() {
         return cartStatus;
    }
    public void setCartStatus(int cartStatus) {
         this.cartStatus = cartStatus;
    }
    public int getId() {
         return id;
    }
    public void setId(int id) {
         this.id = id;
    }
    public int getMember() {
         return member;
    }
    public void setMember(int member) {
         this.member = member;
    }
    public Double getMoney() {
         return money;
    }
    public void setMoney(Double money) {
         this.money = money;
    }
    public Cart(int id, int member, Double money, int cartStatus) {
         super();
         this.id = id;
         this.member = member;
         this.money = money;
         this.cartStatus = cartStatus;
    }
    public Cart() {
```

```
        super();
    }
}
```

（2）对应数据库中 cartselectedmer 表的字段和类型，对网上书店中的实体对象——已购书籍进行设计，如表 5-11 所示。

表 5-11 CartSelectedmer.java 属性、类型对照表

属　性	类　型	说　明
ID	int	编号
cart	int	所属购物车编号
merchandise	int	图书编号
number	int	数量
price	double	图书单价
money	double	总价=图书单价×数量

为每个属性增加 setter 和 getter 方法，并且增加构造方法。Cartselectedmer.java 代码如下所示。

```
package com.pojo;
public class Cartselectedmer {
    public int id;
    public int cart;
    public int merchandise;     //图书 ID
    public int number;          //数量
    public Double price;
    public Double money;
    public int getCart() {
        return cart;
    }
    public void setCart(int cart) {
        this.cart = cart;
    }
    public int getId() {
        return id;
    }
    public void setId(int id) {
        this.id = id;
    }
    public int getMerchandise() {
        return merchandise;
    }
    public void setMerchandise(int merchandise) {
        this.merchandise = merchandise;
    }
    public Double getMoney() {
        return money;
    }
    public void setMoney(Double money) {
        this.money = money;
    }
    public int getNumber() {
        return number;
    }
    public void setNumber(int number) {
        this.number = number;
    }
```

```
        public Double getPrice() {
              return price;
        }
        public void setPrice(Double price) {
              this.price = price;
        }
        public Cartselectedmer(int id, int cart, int merchandise, int number, Double price,
Double money) {
              super();
              this.id = id;
              this.cart = cart;
              this.merchandise = merchandise;
              this.number = number;
              this.price = price;
              this.money = money;
        }
   }
```

任务七：使用 Servlet 实现添加图书到购物车

【任务描述】

用户在浏览图书或者查看某一图书的详细信息时，在页面上为用户添加了“购买”按钮，当用户单击“购买”按钮时，当前书籍将添加到购物车中。

【工作目标】

- 购物车业务类的设计与实现
- 使用 Servlet 实现商品的添加

【任务分析】

用户购买书籍时，存在以下几种情况。

（1）用户已经有了一辆购物车（购物车内有商品，但尚未结账），则直接把所选书籍添加到购物车中，添加时，如果所选商品在购物车里已经存在，则只改变已有书籍的数量；如果不存在，则新增书籍。

（2）用户没有购物车，则新建购物车，并把所选书籍添加到购物车中。

这些工作由 Servlet 完成，为了操作的方便，将购物车中商品的添加、更改、删除等操作封装到一个业务类里，即“cartManage.java”。在 Servlet 中，直接调用该业务类的方法。

【关键步骤】

（1）在网上书店项目的 src 下，新建包“com.service.cart”，在该包下，新建类“cartManage.java”，该类封装了对购物车的商品进行添加、删除、更改等操作。程序代码：cartManage.java。

```
public  boolean addCart(MemberPojo mp,BookPojo book,int number) throws Exception{
     MemberLevelManage leaveManager = new MemberLevelManage();
     boolean status = false;
     int total = number;
     try {
            Cart cart = null;
            Cartselectedmer selected = null;
            //查询折数
            int levelId = mp.getMemberlevel();
            int favourable = leaveManager.getFavourable(levelId);
            //判断该会员是否已经有使用中的购物车
String sql = "select * from cart where cart.Member = ? and cart.CartStatus = 0";
            con = new DBConnect();
            con.prepareStatement(sql);
            con.setInt(1, mp.getId());
```

```
            rs = con.executeQuery();
            if(rs.next()){
                    cart = new
                    Cart(rs.getInt("id"),rs.getInt("Member"),rs.getDouble("Money"),rs.
getInt("CartStatus"));
                  }
            //如果没有使用中的购物车，则新建购物车
            if(cart==null){
                    double money = 0;
                    if(book.getSpecial()==1){
                        money = Double.valueOf(number*book.getSprice());
                    }else{
                        money = Double.valueOf(number*book.getPrice().doubleValue()*
favourable/100);
                        }
                    con.prepareStatement("insert into cart ( Member,Money,CartStatus )
values ( ?,?,? ) ");
                    con.setInt(1, mp.getId());
                    con.setDouble(2, money);
                    con.setInt(3, 0);
                    con.executeUpdate();
            }else{
                    //否则，查看该购物车中的商品
                    sql = "select * from cartselectedmer where cartselectedmer.Merchandise = ?
" +  "a cartselectedmer.Cart = ? order by cartselectedmer.id desc";
                    con.prepareStatement(sql);
                    con.setInt(1, book.getId());
                    con.setInt(2, cart.getId());
                    rs = con.executeQuery();
                if(rs.next()){
                    selected = new Cartseletedmer(rs.getInt("id"),rs.getInt("Cart"),
                                    rs.getInt("Merchandise"),rs.getInt("Number"),
                             rs.getDouble("Price"),rs.getDouble("Money"));
                    }
    //如果选购的是已经选购过的商品，则只增加商品数量即可
                if(selected!=null){
                    //设置新的数量
                    total = number+selected.getNumber();
                sql = "update cartselectedmer set cartselectedmer.Number=?, " +
                        "cartselectedmer.Price=?, cartselectedmer.Money=? " +
                              "where cartselectedmer.id = ?";
                con.prepareStatement(sql);
                con.setInt(1, total);
            if(book.getSpecial()==1){
                              con.setDouble(2, book.getSprice());
                              con.setDouble(3,  Double.valueOf(total*book.getSprice().
doubleValue()));
                              }else{
                                  con.setDouble(2,
Double.valueOf(book.getPrice().doubleValue()*favourable/100));
                                  con.setDouble(3,
Double.valueOf(total*book.getPrice().doubleValue()*favourable/100));
                              }
                              con.setInt(4, selected.getId());
                              con.executeUpdate();
                        }
                        double cartMoney = 0;
                        if (book.getSpecial()==1){//特价商品
                              cartMoney =
Double.valueOf(cart.getMoney().doubleValue()+number*book.get Sprice().doubleValue());
                        }else{//普通商品
```

```
                        cartMoney =
Double.valueOf(cart.getMoney().doubleValue()+number*book. getPrice().doubleValue()*favourable/100);
                    }
                    sql = "update cart set cart.Money = ? where cart.id = ?";
                    con.prepareStatement(sql);
                    con.setDouble(1, cartMoney);
                    con.setInt(2, cart.getId());
                    con.executeUpdate();
                }
                if(selected == null){
            sql = "select * from cart where cart.Member = ? and cart.CartStatus = 0";
                con.prepareStatement(sql);
                con.setInt(1, mp.getId());
                rs = con.executeQuery();
                if(rs.next()){
                        cart = new Cart(rs.getInt("id"),rs.getInt("Member"),
                                rs.getDouble("Money"),rs.getInt("CartStatus"));
                }
    //如果是尚未选购过的商品，则要修改选购记录的有关字段
            sql = "insert into  cartselectedmer (Cart,Merchandise,Number,Price,Money)
values (?,?,?,?,?)";
                    con.prepareStatement(sql);
                    con.setInt(1, cart.getId());
                    con.setInt(2, book.getId());
                con.setInt(3, 1);
                    if(book.getSpecial()==1){
                        con.setDouble(4, book.getSprice());
                        con.setDouble(5,
Double.valueOf(total*book.getSprice().doubleValue()));
                    }else{
                        con.setDouble(4, Double.valueOf(book.getPrice().doubleValue()*
favourable/100));
                        con.setDouble(5,
Double.valueOf(total*book.getPrice().doubleValue()*favourable/100));
                    }
                    con.executeUpdate();
                }
                status = true;
                rs.close();
                con.close();
            } catch (Exception e) {
                // TODO Auto-generated catch block
                e.printStackTrace();
            }finally{
                rs.close();
                con.close();
            }
            return status;
    }
```

（2）创建 Servlet，完成商品添加到购物车的功能。

```
package com.servlet.cart;
import java.text.DateFormat;
import java.text.DecimalFormat;
import java.util.ArrayList;
import java.util.HashMap;
import java.util.Iterator;
import java.util.List;
```

```
import javax.servlet.http.HttpServletRequest;
import javax.servlet.http.HttpServletResponse;

import com.pojo.BookPojo;
import com.pojo.Cart;
import com.pojo.Cartselectedmer;
import com.pojo.MemberLevelPojo;
import com.pojo.MemberPojo;
import com.pojo.Orders;
import com.service.book.BookManager;
import com.service.cart.CartManage;
import com.service.member.MemberManage;
import com.service.memberLevel.MemberLevelManage;
import com.service.order.OrderManage;
import com.servlet.RootServlet;
public class CartServlet extends RootServlet {

      BookManager bm = new BookManager();
      CartManage cm = new CartManage();
      MemberLevelManage levelM = new MemberLevelManage();
      MemberManage memberM = new MemberManage();
      OrderManage orderM = new OrderManage();
      @Override
public void selectByNew(HttpServletRequest request, HttpServletResponse response) {
            int bookid = 0;
            boolean status = false;
                  try{
                        MemberPojo member =
(MemberPojo)request.getSession().getAttribute("member");
                              //图书 ID
                  if(request.getParameter("bookid")!=null){
                              bookid =
Integer.parseInt(request.getParameter("bookid").toString());
                        }
                  BookPojo book = bm.getBook(bookid);
                  if(book!=null){
                        status = cm.addCart(member, book, 1);
                  }
                  if(status){
                        try {
                              String changesuc = "恭喜您，选购成功！";
                              request.setAttribute("message", changesuc);
                              go2Jsp(request,  response,  "servlet/CartServlet?method=
2&mode=4");
                        } catch (Exception e) {
                              // TODO Auto-generated catch block
                              e.printStackTrace();
                        }
                  }
            } catch (Exception e) {
                  // TODO Auto-generated catch block
                  e.printStackTrace();
            }
      }
```

（3）在“网上书店”中，选购商品成功的界面如图 5-17 所示。

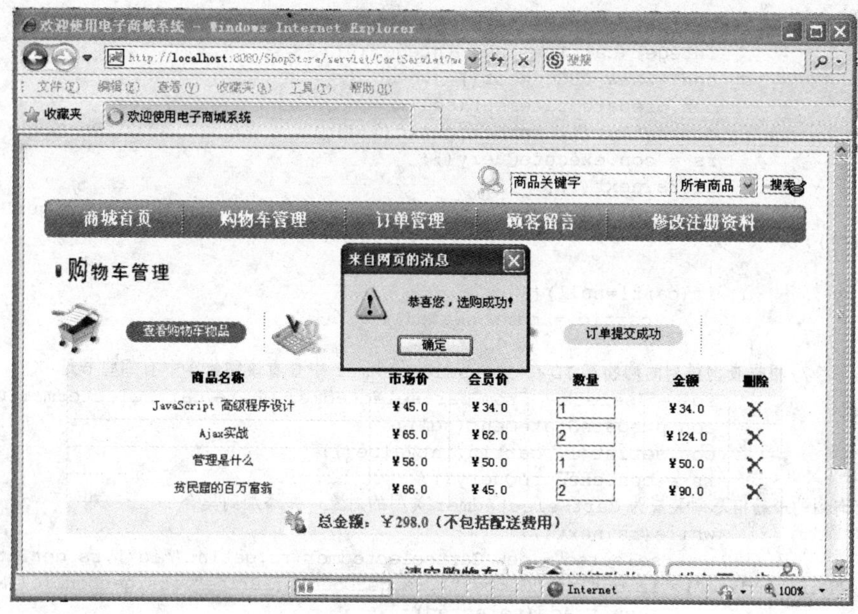

图 5-17 添加商品成功

任务八：查看购物车图书列表

【任务描述】

用户已经购买商品成功，程序要对用户进行提示或者显示用户已经购买了哪些商品，也就是说要把购物车内的所有商品显示给用户。

【工作目标】

- 购物车业务类的设计与实现
- 使用 Servlet 实现商品的添加

【任务分析】

我们已经知道，每个用户登录后，将拥有一辆购物车（cart.java），对于该用户选购的书籍，在 cartSelectedmer.java 中封装书籍信息和购物车信息，同时，用户在进行购物操作时，程序会同时操作保存到数据库中的数据。那么，要显示指定用户的购物车图书列表，只需要根据用户 ID 找到该用户尚未结账（cartStatus=0）的购物车，根据该购物车的编号（cartID），在 cartSelectedmer 表中查询该购物车中的所有商品，并把所有商品信息放到 list 集合中。

在 cartServlet 中，读取 list 集合的内容，根据图书编号，结合图书的详细信息（BookPojo.java），得到新的 list 集合，并写入 request 的属性 result 中。在显示页面上读取 request 的 result 属性，显示所选图书的详细信息。

【关键步骤】

（1）打开包 com.service.cart 下的类 cartManage.java,在该类中增加添加商品到购物车的方法，代码如下所示。

```
        public List showCart(MemberPojo member) throws Exception{
            List result = new ArrayList();
        //根据用户 ID 查看该用户有没有还未结账的购物车
    String sql = "select * from cart where cart.Member = ? and cart.CartStatus = 0";
            try {
                    Cart cart = null;
```

```
                Cartselectedmer selected = null;
                Integer cartid = new Integer(0);
                con = new DBConnect();
                con.prepareStatement(sql);
                con.setInt(1, member.getId());
                rs = con.executeQuery();
                if(rs.next()){
                    cart  =  new  Cart(rs.getInt(1),rs.getInt(2),rs.getDouble(3),
rs.getInt(4));
                }
                if(cart!=null){
                    cartid = cart.getId();
            }
        //根据查询得到的购物车ID在cartselectedmer中查看该购物车中有哪些书籍
                sql = "select * from cartselectedmer where cartselectedmer.Cart = ?";
                con.prepareStatement(sql);
                con.setInt(1, cartid.intValue());
                rs = con.executeQuery();
    //将查询到的书籍信息封装成为CartSelectedmer类型的对象，并添加到集合result中
                while(rs.next()){
                    selected = new Cartselectedmer(rs.getInt("id"),rs.getInt("Cart"),
rs.getInt ("Merchandise"), rs.getInt("Number"),rs.getDouble("Price"),rs.getDouble("Money"));
                    result.add(selected);
                }
                rs.close();
                con.close();
            } catch (Exception e) {
                // TODO Auto-generated catch block
                e.printStackTrace();
            }finally{
                rs.close();
                con.close();
            }
            return result;
        }
```

（2）在 cartServlet 类中，增加 showCart()方法，该方法主要完成的功能是调用 cartManage.java 中的 showCart()方法，并结合书籍的详细信息封装为集合，添加到 request 的属性中，代码如下所示。

```
    public void showCart(HttpServletRequest request, HttpServletResponse response) {
                try{
                    HashMap row = null;
                    List sel = null;
                    BookPojo book = null;
                    MemberPojo member = null;
                    double money = 0;
                    DecimalFormat df = new DecimalFormat(".##");
                    member = (MemberPojo)request.getSession().getAttribute("member");
                    List temp = cm.showCart(member);
                    if(temp!=null&&temp.size()>0){
                        sel = new ArrayList();
                        Iterator it = temp.iterator();
                        Cartselectedmer selected = null;
                        row = new HashMap();
                        while(it.hasNext()){
                            row = new HashMap();
                            selected = (Cartselectedmer)it.next();
                            book = bm.getBook(selected.getMerchandise());   //书
                            row.put("merId", book.getId());
                            row.put("selId", selected.getId());
                            row.put("merName", book.getMerName());
```

```
                        row.put("memprice", Double.valueOf(df.format(selected.
getPrice())));
                        row.put("price", Double.valueOf(df.format(book.
getPrice())));
                        row.put("number", selected.getNumber());
                        row.put("money", selected.getMoney());
                        money = money + selected.getMoney().doubleValue();
                        sel.add(row);
                    }
                    request.setAttribute("result", sel);
                    request.setAttribute("totalMoney", Double.valueOf(df.format
(money)));
                }
                    go2Jsp(request, response, "/shopCat.jsp");
            } catch (Exception e) {
                // TODO Auto-generated catch block
                e.printStackTrace();
            }
        }
    }
```

购物车还有其他的很多功能，可以删除购物车的商品、更改商品的数量以及继续购物等。

5.5 本章小结

技能回顾

本章重点讲解 Servlet 的基本结构及主要作用，主要包括：Servlet 的生命周期与对应的操作方法、内置对象在 Servlet 中的应用、过滤器的基本原理及应用、监视器的基本原理及应用等。主要内容如下。

- Servlet 是使用 Java 实现的 CGI 程序，但是与传统 CGI 不同的是，Servlet 采用多线程的方式进行处理，所以程序的性能更高。
- 要想实现一个 Servlet，则一定要继承 HttpServlet 类，并根据需要重写该类相应的方法。还需要在 web.xml 文件中配置 Servlet 后才可以使用。
- Servlet 程序中可以通过 HttpServletRequest 接口的 getSession()方法取得一个 HttpSession 对象。
- 在 Servlet 程序中可以通过 getServletContext()方法取得 ServletContext 对象。
- 要实现一个过滤器，则一定要实现 Filter 接口，并重写该接口中的相应方法，所有的过滤器要执行两次，过滤器同样需要在 web.xml 文件中配置，但是配置的路径表示的是过滤路径。
- 监听器可以完成对 Web 操作的监听，主要监听 application、session、request 的状态和属性改变等操作。

知识拓展

1. Servlet 生命周期

Servlet 程序是运行在服务器端的一段 Java 程序，其生命周期将受到 Web 容器的控制，生命周期包括：加载程序、初始化、服务、销毁、卸载 5 个部分，如图 5-18 所示。

图 5-18 中所示各个生命周期的作用如下。

- 加载 Servlet：Web 容器负责加载 Servlet，当 Web 容器启动的时候或者是在第一次使用这个 Servlet 的时候，容器会负责创建 Servlet 实例，但是用户必须通过部署描述符（web.xml）

指定 Servlet 的位置（Servlet 所在的包、类名称），成功加载之后，Web 容器会通过反射的方式对 Servlet 进行实例化。

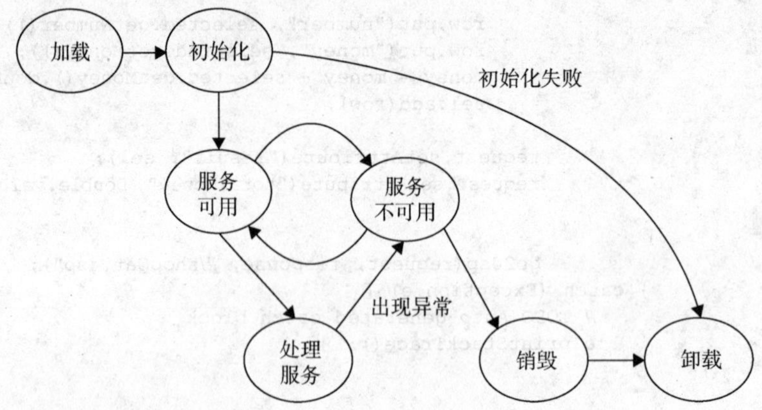

图 5-18 Servlet 的生命周期

- 初始化：当一个 Servlet 被实例化之后，容器将调用 init()方法初始化这个对象，初始化的目的是为了让 Servlet 对象在处理客户端请求前完成一些初始化的工作，例如建立数据库连接、读取资源文件信息等，如果初始化失败，则此 Servlet 将被直接卸载。
- 处理服务：当有请求提交时，Servlet 将调用 service()方法（常用的是 doGet()或 doPost()）进行处理，在 service()方法中，Servlet 可以通过 ServletRequest 接收客户的请求，也可以利用 ServletResponse 设置响应信息。
- 销毁：当 Web 容器关闭或者检测到一个 Servlet 要从容器中被删除时，会自动调用 destroy()方法，以便让该实例释放掉所占用的资源。
- 卸载：当一个 Servlet 调用完 destroy()方法后，此实例将等待被垃圾收集器回收。如果需要再次使用此 Servlet，则会重新调用 init()方法初始化。

需要注意的是，在正常情况下，Servlet 只会初始化一次，而处理服务会调用多次，销毁也只会调用一次，但是如果一个 Servlet 长时间不用的话，也会被容器自动销毁，而如果需要再次使用，则会重新进行初始化操作，即在特殊情况下初始化可能会进行多次，销毁也可能会进行多次。

图 5-18 中所示的各个生命周期，都可以在 Servlet 类中发现对应的方法，这些方法如表 5-12 所示。

表 5-12 Servlet 生命周期对应的方法

方　法	类型	描　述
public void init() throws ServletException	普通	Servlet 初始化时调用
public void init(ServletConfig config) throws ServletException	普通	Servlet 初始化时调用，可以通过 ServletConfig 读取配置信息
public abstract void service(ServletRequest req, ServletResponse res) throws ServletException, IOException	普通	Servlet 服务，一般不会直接重写此方法，而是使用 doGet()或 doPost()方法
public void destroy()	普通	Servlet 销毁时调用

2. Servlet 常用类与接口

Java API 提供了 javax.servlet 和 javax.servlet.http 包，为编写 Servlet 提供了接口和类。所有的 Servlet 都必须实现 Servlet 接口，该接口定义了 Servlet 的生命周期方法。当实现一个通用的服务时，可以使用或继承由 Java Servlet API 提供的 GenericServlet 类。在编写 Servlet 时用到的类层次结构如图 5-19 所示。

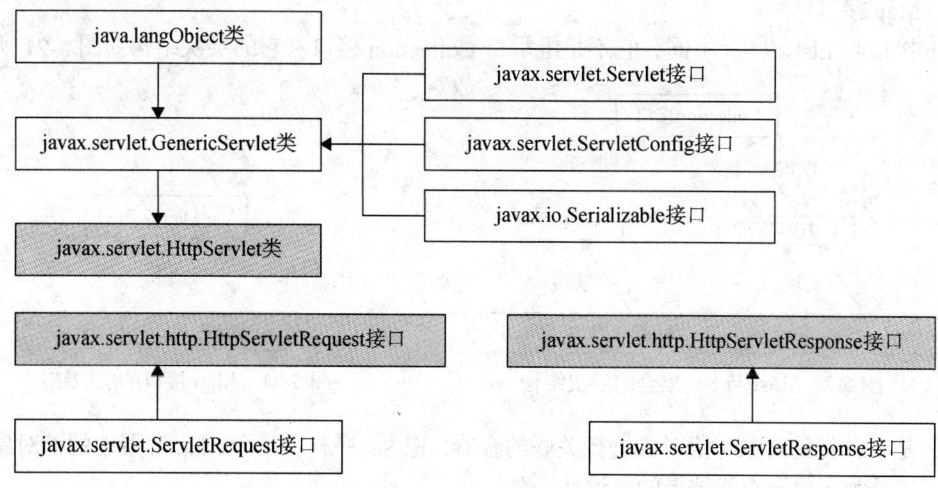

图 5-19 Servlet 类层次结构图

3. Servlet 的程序结构

（1）引入相关包。编写 Servlet 时，需要引入 java.io 包（要用到 PrintWriter 等类）、javax.servlet 包（要用到 HttpServlet 等类）以及 javax.servlet.http 包（要用到 HttpServletRequest 类和 HttpServletResponse 类）。

（2）通过继承 HttpServlet 类得到 Servlet。编写 Servlet，应该从 HttpServlet 继承，然后根据数据是通过 GET 还是 POST 发送，重载 doGet()、doPost()方法中的一个或全部。

（3）重载 doGet()或 doPost()方法。doGet()和 doPost()方法都有两个参数，分别为 HttpServletRequest 类型和 HttpServletResponse 类型。其中，HttpServletRequest 提供访问有关请求的信息的方法，如表单数据、HTTP 请求头等；HttpServletResponse 提供用于指定 HTTP 应答状态（200、404 等），应答头（Content-Type、Set-Cookie 等）的方法。

（4）实现 Servlet 功能。一般情况下，在 doGet()或 doPost()方法中利用 HttpServletResponse 的一个用于向客户端发送数据的 PrintWriter 类的 println 方法生成向客户端发送的页面。

4. 常用集合类、接口

常用的集合接口和类有 List 接口、ArrayList 类、LinkedList 类、Map 接口、HashMap 类以及 Set 接口和 HashSet 类。

（1）List 接口。

List 接口与其实现类是容量可变的列表，可按索引访问集合中的元素，是有序的集合。它们之间的关系如图 5-20 所示。

从图 5-20 可以看出，List 接口与 Set 接口都继承自 Collection 接口。

- ArrayList 类是以 Array 方式实现的 List，允许快速随机存取，相对于 LinkedList 类不适合进行插入和移除元素的操作。
- LinkedList 类提供最佳顺序存取，适合插入和移除元素。

（2）Set 接口。

Set 是一种不包含重复元素的 Collection，也就是说 Set 中最多只能有一个 null 元素。

- HashSct 类能够快速定位一个元素，但是它要求存入 HashSet 的对象必须实现 HashCode()

方法。

- TreeSet 类将放入其中的元素按序存放。

（3）Map 接口。

Map 接口与 List 和 Set 不同，它不是继承自 Collection 接口。它的层次结构如图 5-21 所示。

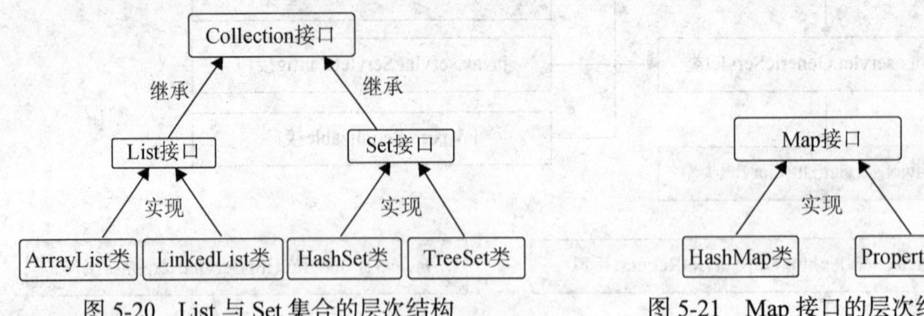

图 5-20　List 与 Set 集合的层次结构　　　图 5-21　Map 接口的层次结构

Map 是一种把键对象与值对象进行关联的容器，像 Set 一样，一个 Map 容器中的键对象不允许重复，这是为了保证查找结果的一致性。

- HashMap 类是 Map 接口的实现类，实现一个键到值映射的散列表，通过键取得值对象。
- Properties 类一般是把属性文件读入流中后，以键-值对的形式进行保存，以方便程序员读取其中的数据。

5.6　实战练习

一、填空题

1. 编译 Servlet 之前，将 Servlet 所需要的________包添加到 classpath 中。
2. 在编写 Servlet 时要用到的类________为 javax.servlet.genericServlet 的子类。
3. Servlet 接口的________方法在服务器装入 Servlet 时执行，在 Servlet 的生命周期中仅仅执行一次。当客户请求一个 HttpServlet 对象时，该对象的________方法就要被调用。
4. 要编写 Servlet 过滤器时，通过重载 javax.servlet.Filter 接口中的________方法完成实际的过滤操作。
5. Servlet 的生命周期分 3 个时期：________、________、________。

二、选择题

1. 使用 HttpSession 的（　）方法保存数据到 HttpSession 对象中。

   A. getAttribute()　　B. setAttribute()　　C. getSession()　　D. 以上答案都不对

2. Servlet 程序的入口点是（　）。

   A. init()　　B. main()　　C. service()　　D. doGet()

3. 下列关于 Servlet 的描述正确的是（　）。

   A. 在浏览器的地址栏中直接输入要请求的 Servlet，该 Servlet 默认使用 doPost()方法处理请求。

   B. Servlet 和 Applet 一样是运行在客户端的程序。

   C. Servlet 的生命周期包括实例化、服务、销毁、不可以用。

   D. Servlet 也可以直接向浏览器发送 HTML 标签。

4. 在 Web 应用程序中使用的 Servlet 包为 myservlet，项目名称为 LoginDemo，则 Servlet 最可能位于（　）目录下。

   A. LoginDemo/WEB-INF/classes/　　B. LoginDemo/WEB-INF/lib/

C. LoginDemo/WEB-INF/classes/myservlet　　D. LoginDemo/WEB-INF/

5. 下列不属于 Servlet 过滤器特点的是（　　）。
   A. Servlet 过滤器可以检查和修改 ServletRequest 和 ServletResponse 对象
   B. Servlet 过滤器可以被指定和特定的 URL 关联，只有当客户请求访问该 URL 时，才会触发过滤器
   C. Servlet 过滤器可以被串联在一起，形成管道效应，协同修改请求和响应对象。
   D. Servlet 过滤器可以监听客户端的变化
6. 下列不属于 Servlet 监听器类型的是（　　）。
   A. Servlet 上下文监听　　B. HTTP 会话监听
   C. Servlet 请求监听　　D. Servlet 容器监听器
7. 在编写 Servlet 时，要用到许多接口，下列能够获得客户端请求信息的接口是（　　）。
   A. HttpServlet 类　　B. HttpServletRequest 接口
   C. HttpServletResponse 接口　　D. ServletContext 接口
8. Servlet 中，HttpServletResponse 的（　　）方法用来把一个 Http 请求重定向到另外的 URL。
   A. sendURL()　　B. redirectURL()
   C. sendRedirect()　　D. redirectResponse()
9. 在 Servlet 过滤器的生命周期方法中，每当传递请求或响应时，Web 容器会调用（　　）方法。
   A. init　　B. service
   C. doFilter　　D. destroy
10. 给定一个 Servlet 的代码片段如下：

```
Public void doGet(HttpServletRequest request,HttpServletResponse response)
throws ServletException,IOException{
_____
out.println("hi kitty!");
out.close();
}
```

运行此 Servlet 时输出如下：

```
hi kitty!
```

则应在此 Servlet 下划线处填充如下（　　）代码。
   A. PrintWriter out = response.getWriter();
   B. PrintWriter out = request.getWriter();
   C. OutputStream out = response.getOutputStream();
   D. OutputStream out = request.getWriter();

三、实战任务

任务 1：编写过滤器，实现编码过滤。

任务 2：使用监听器实现显示在线人员列表。

任务 3：完成购物车中商品数量的更新功能。

任务 4：完成购物车中删除商品的功能。

第 6 章

使用 JavaBean 完成业务和表现分离

在之前进行的开发中，可以发现很多代码没有很好地体现Java面向对象的开发思想，大量的代码重复且混乱，在 Web 开发中如果想编写结构良好的代码，则需要使用JavaBean。使用 JavaBean 可以将 Web 程序的业务逻辑与表现分离，并成为独立可重复使用的模块，进一步实现代码的重用以及方便程序的维护。

本章重点讲解 JavaBean 的开发方法、JSP 对 JavaBean 的各种支持。主要包括：JavaBean 的基本定义格式、JSP 中使用动作元素操作 JavaBean、JavaBean 与表单的交互、JavaBean 的典型应用。

6.1 工作任务与技能目标

工作任务

（1）操作 JavaBean 的动作元素。
（2）JavaBean 与表单的交互。
（3）使用 JavaBean 封装客户留言数据。
（4）使用 JavaBean 封装客户留言数据操作。
（5）实现客户留言功能。

技能目标

（1）掌握并理解 JavaBean 的概念。
（2）能够根据业务描述设计 JavaBean。
（3）能够使用 JSP 的标准动作实现对 JavaBean 的操作。

6.2 在 JSP 中使用 JavaBean

任务一：操作 JavaBean 的动作元素

【任务描述】

编写 JavaBean 描述简单的实体类，并使用 JSP 标准动作在 JSP 页面中调用 JavaBean，显示对象属性。

【工作目标】

- 能够编写封装数据的 JavaBean
- 能够编写封装业务的 JavaBean
- 掌握 JavaBean 的定义格式及使用操作
- 能够在 JSP 中调用 JavaBean

【任务分析】

1. JavaBean 简介

JavaEE 是基于组件开发的，如图 6-1 所示。JavaBean 是使用 Java 语言开发的一个可重用的组件，在 JSP 的开发中可以使用 JavaBean 减少重复代码，使整个 JSP 代码的开发更简洁。

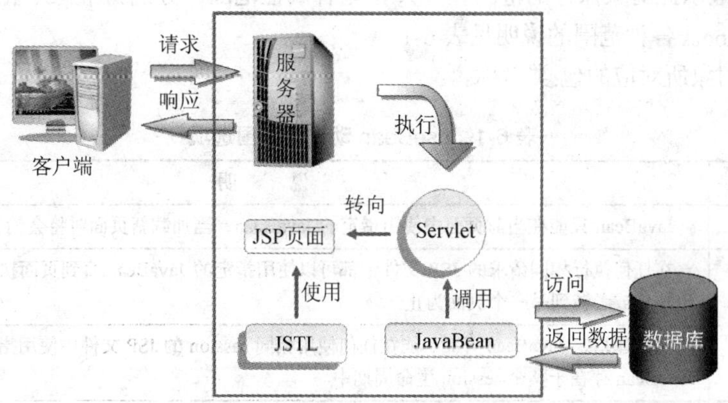

图 6-1　基于组件开发的 Java EE

JSP 搭配 JavaBean 来使用，有以下的优点：

- 可将 HTML 和 Java 代码分离，这主要是为了日后维护的方便。如果把所有的程序代码（HTML 和 Java）写到 JSP 页面中，会使整个程序代码又多又复杂，造成日后维护上的困难。
- 可利用 JavaBean 的优点，将常用到的程序写成 JavaBean 组件，当要在 JSP 中使用时，只要调用 JavaBean 组件来执行用户所要的功能即可，不用再重复写相同的程序，这样一来也可以节省开发所需的时间。

JavaBean 实际上就是一个 Java 类，这个类可以重用。JavaBean 传统的应用是在可视化领域（如 AWT 下的应用），自从 JSP 诞生后，JavaBean 更多地应用在了非可视化领域，在服务器端应用中表现出越来越强的生命力。非可视化的 JavaBean 也就是没有 GUI 的 JavaBean，在 JSP 程序中常用来封装事务逻辑、数据库操作等，可以很好地实现业务逻辑和前台程序（如 JSP 文件）的分离，使系统具有更好的健壮性和灵活性。JavaBean 从功能上可以分为以下两类。

- 封装数据。
- 封装业务。

一个 JavaBean 要满足如下的开发要求。

- 所有的类必须放在一个包中，在 Web 中没有包的 JavaBean 是不存在的。
- 所有的类必须声明为 public class，这样才能够被外部所访问。
- 类中所有的属性都必须封装，即使用 private 声明。
- 封装的属性如果需要被外部所操作，则必须编写对应的 setter、getter 方法。
- 一个 JavaBean 中至少存在一个无参构造方法，此为 JSP 中的标签所使用。

2. <jsp:useBean>操作

<jsp:useBean>可以定义一个具有一定生存范围以及唯一 ID 的 JavaBean 实例，JSP 页面通过指定的 ID 来识别 JavaBean,也可以通过 id.method 来调用 JavaBean 中的方法。在执行过程中，<jsp:useBean>首先会尝试寻找已经存在的具有相同 ID 和 scope 值的 JavaBean 实例，如果没有，就会自动创建一个新的实例。<jsp:useBean>语法格式如下。

```
<jsp:useBean id="实例化对象名称" scope="保存范围" class="包.类名称">
```

在 useBean 中一共存在 3 个属性。

- id：表示实例化对象的名称
- scope：表示此对象保存的范围，一共有 4 种属性范围，分别为 page、request、session、application。各种范围的说明见表 6-1。
- class：对象所对应的包.类名称。

表 6-1　useBean 动作的范围选项

范　围	说　明
page	JavaBean 只能在当前页面中使用指定的 JavaBean，当加载新页面时将会销毁
request	在任何执行相同请求的 JSP 文件中都可以使用指定的 JavaBean,直到页面执行完毕向客户端发出响应或者转到另一个页面为止
session	从创建指定 JavaBean 开始，能在任何使用相同 session 的 JSP 文件中使用指定的 JavaBean，该 JavaBean 存在于整个 session 生命周期中
application	从创建指定 JavaBean 开始，能在任何使用相同 application 的 JSP 文件中使用指定的 JavaBean，该 JavaBean 存在于整个 application 生命周期中，直到服务器重新启动

【关键步骤】

（1）新建 web Project，项目名称为：ChatSix，Content root URL 为“/ChatSix”。

（2）在项目的 src 文件夹上单击鼠标右键，新建包，命名为“one”。

（3）在包“one”上单击鼠标右键，新建类，命名为“SimpleBean.java”，编写代码如下。

一个简单的 JavaBean 实例——SimpleBean.java。

```
package first;
public class SimpleBean {
     private String name;
     private int age;
     public int getAge() {
          return age;
    }
     public void setAge(int age) {
          this.age = age;
     }
     public String getName() {
          return name;
     }
     public void setName(String name) {
          this.name = name;
     }
     public SimpleBean(String name, int age) {
          super();
          this.name = name;
          this.age = age;
    }
```

```
    public SimpleBean(){
        super();
    }
}
```

（4）在 WebRoot 下面新建文件夹 first，新建 JSP 文件：use_SimpleBean.jsp,在该文件中，我们使用标准动作<jsp:useBean>得到 SimpleBean 的实例，并将其属性显示在页面上，具体代码如下。

```
<%@ page language="java" import="java.util.*" pageEncoding="GBK"%>
<%@ page import="first.SimpleBean"%>  <!-- 导入 SimpleBean -->
<html>
  <head>
    <title>使用 JavaBean</title>
 </head>
 <jsp:useBean id="simple" scope="page" class="first.SimpleBean"/>
  <%

    simple.setName("dky");                          //设置 name 属性
    simple.setAge(21);                              //设置 age 属性
  %>

  <jsp:setProperty name="simple" property="*"/>
  <body>
    <h1> 姓名: <%=simple.getName() %> </h1>   <!-- 输出 name 属性的内容-->
    <h1> 年龄: <%=simple.getAge() %> </h1>    <!-- 输出 age 属性的内容 -->
  </body>
</html>
```

（5）启动 Tomcat 服务器，在浏览器的地址栏中输入“http://localhost:8080/chatSix/first /use_Samplebean.jsp”，运行结果如图 6-2 所示。

图 6-2 运行效果

任务二：JavaBean 与表单的交互

【任务描述】

JavaBean 最大的特点就在于与表单的交互上，我们通过一个典型的登录验证程序来学习使用 JavaBean 与表单的交互。

【工作目标】

- 使用 JavaBean 封装业务逻辑
- 使用 JavaBean 封装数据库操作
- 使用标准动作获取表单元素值
- 使用标准动作在页面上显示 JavaBean 的属性值

【任务分析】

在之前我们讲过的程序中，如果有一个表单提交了内容给 JSP，JSP 通过 request.getParameter()分别接收表单元素的内容，然后设置到 JavaBean 的属性中。如果表单提交的参数很多，则这样的操作会变得非常麻烦，JSP 提供了两个标准动作支持 JavaBean 与表单的交互。

1. 设置属性:<jsp:setProperty>

setProperty 动作用于设置 useBean 中指定的 JavaBean 的属性值。setProperty 动作指定名称、属性、值和参数，用于赋给 JavaBean 的属性。setProperty 动作的语法如下。

```
<jsp:setProperty name="实例化对象的名称（id）" property="PropertyName"value="value"
param="Parameter"/>
```

其中，*name* 指定 useBean 中使用的 JavaBean 的 id；*property* 指定要为之设置值的 JavaBean

的属性名称；*value* 指定要为属性设置的值；*param* 指定用于输入数据的表单元素的名称，并将表单元素的值赋值给属性。*Propert*、*yvalue*、*param* 这 3 个属性是结合使用的，根据 3 个属性的不同取值，<jsp：setProperty>一共有 4 种使用方法，如表 6-2 所示。

表 6-2 <jsp：setProperty>的属性设置

编号	类 型	语 法 格 式
1	自动匹配	<jsp:setProperty name="实例化对象的 id" property="*"/>
2	指定属性	<jsp:setProperty name="实例化对象的 id" property="属性名称"/>
3	指定参数	<jsp:setProperty name="实例化对象的 id" property="属性名称"param="参数名称"/>
4	指定内容	<jsp:setProperty name="实例化对象的 id" property="属性名称"value="内容"/>

说明：

- 自动匹配：进行自动匹配时，匹配的实际是参数名称（这里的参数名称是通过表单控件指定的，如果表单控件的名称与 JavaBean 的属性名称相同，则称为匹配），如果匹配，则系统会自动调用 JavaBean 中的 setter 方法为属性赋值，如果没有找到匹配项，则不改变属性的值。这种用法适合于 HTML 表单中元素的 name 属性值和 JavaBean 中的属性名一致的情况。
- 指定属性：这里的属性名称是 JavaBean 的属性名称，表示只用相同名称的表单控件的值为这个指定的属性赋值。如果找不到相同名称的表单控件，则不赋值。
- 指定参数：这时要同时指定属性和参数，这里的参数是 request 的参数名称，也即表单控件的名称，属性仍然指的是 JavaBean 的属性名称。此时将用指定的表单控件值为指定的 JavaBean 属性赋值。
- 指定内容：如果要将一个具体的内容设置给 JavaBean 的指定属性，则直接使用 value 即可。要注意，value 和 param 是不能共存的。

2. 取得属性:<jsp:getProperty>

<jsp:getProperty>动作会自动调用 JavaBean 的 getter 方法，得到 JavaBean 实例的属性值，并将其转化为 java.lang.String,放置在隐含的 out 对象中。<jsp:getProperty>的语法如下。

```
<jsp:getProperty name="实例化对象的名称(id)" property="属性名称"/>
```

其中，*name* 属性代表了想要获得属性值的 JavaBean 的实例,JavaBean 实例必须在前面用<jsp:useBean>定义过。*property* 代表了想要获得属性值的那个属性的名称。

【关键步骤】

（1）在 SQL Server 2005 中新建数据库 demo，在该数据库下新建用户表 user，user 表有两个字段，分别是 username 和 password，输入两条数据，使表的数据为：

usename	password
hlm	hlm
dky	dky

（2）在 chatSix 项目中，在 src 里新建包 login，编写进行用户登录处理的 JavaBean 文件

LoginBean.java。

该 JavaBean 封装了用户名和密码，同时封装了用于登录验证的方法 check()，程序代码如下。

```
package login;
public class LoginBean {
    private String name=null;
    private String pass=null;
     public String getName() {
          return name;
     }
     public void setName(String name) {
          this.name = name;
     }
     public String getPass() {
          return pass;
     }
     public void setPass(String pass) {
          this.pass = pass;
     }
     public LoginBean(String name, String pass) {
          super();
          this.name = name;
          this.pass = pass;
     }
     public LoginBean()
     {
          super();
     }
     //验证用户名和密码，调用数据库操作类 DBDao 中的 doLogin()方法，进行登录验证
  public boolean check(){
    String sql="select * from loginuser where username=? and password=?";
    String []p=new String[] {this.name,this.pass};
    return new DBDao().doLogin(sql,p);
  }
}
```

（3）使用 JavaBean 封装数据库访问操作 DBDao.java。

为了简化问题，在 DBDao.java 中，只封装了数据库的连接、关闭和登录查询 3 个操作，DBDao.java 是典型的封装业务的 JavaBean。

```
package login;
import java.sql.*;
public class DBDao {
public final static String DRIVER = "com.microsoft.sqlserver.jdbc.SQLServerDriver";
    public final static String URL    = "jdbc:sqlserver://localhost:1433;DataBaseName=
student"; // url
 public final static String DBNAME = "sa";           // 数据库用户名
    public final static String DBPASS = "sa123";      // 数据库密码
    /**
     * 得到数据库连接
      * @return 数据库连接
     */
    public Connection getConn() throws ClassNotFoundException, SQLException{
        Class.forName(DRIVER);                             //注册驱动
        Connection conn = DriverManager.getConnection(URL,DBNAME,DBPASS); return conn ;
//返回连接
    }
    /**
     * 释放资源
     * @param conn 数据库连接
```

```
 * @param pstmt PreparedStatement 对象
 * @param rs 结果集
 */
public void closeAll( Connection conn, PreparedStatement pstmt, ResultSet rs ) {
   if(rs != null){  /*  如果 rs 不空，关闭 rs  */
      try { rs.close();} catch (SQLException e) {e.printStackTrace();}
   }
  if(pstmt != null){ /*  如果 pstmt 不空，关闭 pstmt */
      try { pstmt.close();} catch (SQLException e) {e.printStackTrace();}
   }
  if(conn != null){ /*  如果 conn 不空，关闭 conn  */
      try { conn.close();} catch (SQLException e) {e.printStackTrace();}
   }
}
/**
 * 执行 SQL 语句，查询
 * @param sql  预编译的 SQL 语句
 * @param param  预编译的 SQL 语句中的'?'参数的字符串数组
 * @return 是否查到结果
 */
public boolean doLogin(String preparedSql,String[] param) {
   Connection       conn = null;
   PreparedStatement pstmt = null;
   ResultSet rs=null;
   int num   = 0;
   boolean flag=false;
   try {
    conn = getConn();                              // 得到数据库连接
    pstmt = conn.prepareStatement(preparedSql);   // 得到 PreparedStatement 对象
      if( param != null ) {
         for( int i = 0; i < param.length; i++ ) {
            pstmt.setString(i+1, param[i]);       // 为预编译 sql 设置参数
         }
      }
      rs= pstmt.executeQuery();                    // 执行 SQL 语句
     if(rs.next()){
        flag=true;                                 //查询到了一条结果
     }
   } catch (ClassNotFoundException e) {
      e.printStackTrace();                         // 处理ClassNotFoundException异常
   } catch (SQLException e) {
      e.printStackTrace();                         // 处理 SQL Exception 异常
   } finally {
      closeAll(conn,pstmt,null);                   // 释放资源
   }
   return flag;
}
}
```

（4）在 WebRoot 下面新建文件夹 login,新建用户登录的 HTML 页面 login.html,代码如下。

```
<html>
<head>
<title>用户登录</title>
</head>
<body>
<form name="form1" onsubmit="return check()" method="post" action="jsploginBean.jsp">
 <table width="80%" border="0" align="center" bgcolor="#0099FF">
  <tr>
   <th colspan="2" scope="col"> 用户登录</th>
  </tr>
  <tr bgcolor="#FFFFFF">
   <th scope="row">用户名: </th>
```

```
      <td><input name="name" type="text" id="name"></td>
    </tr>
    <tr bgcolor="#FFFFFF">
      <th scope="row">密码: </th>
      <td><input name="pass" type="password" id="pass"></td>
    </tr>
    <tr bgcolor="#FFFFFF">
      <th scope="row"> </th>
      <td><input type="submit" name="Submit" value="提交">
      <input type="reset" name="Reset" value="重置"></td>
    </tr>
  </table>
</form>
</body>
</html>
<script type="text/javascript">
function check()
{
  if (form1.name.value=="")
  {
    alert("请输入用户名!!!");
    form.name.focus();
    return false;
  }
  if (form1.pass.value=="")
  {
    alert("请输入密码!!!");
    form.pass.focus();
    return false;
  }
}
</SCRIPT>
```

程序说明：用户创建表单，并制定以 jspLoginBean.jsp 进行登录处理，用户登录信息的表单中创建的用户名输入框的 name 属性值是“name”，密码输入框的 name 属性的值是“pass”，跟 LoginBean 中的两个属性名称一致。这样，在使用<jsp:setProperty>时就能方便地使用自动匹配方式。

（5）编写进行登录处理的 JSP 文件 jspLoginBean.jsp,使用<jsp:setProperty>为 LoginBean 的属性赋值,并调用 check 方法,根据验证结果,显示不同的信息。在显示信息时使用<jsp:getProperty>,具体代码如下。

```
<%@ page language="java" import="java.util.*" pageEncoding="GBK"%>
<jsp:useBean id="login" scope="page" class="login.LoginBean"/>
<jsp:setProperty name="login" property="*"/> <%--自动匹配--%>
<%
  boolean result=login.check();
  if(result){
 %>
 <%-- 登录成功后，显示登录成功消息 --%>
 <h2> 欢迎你，<jsp:getProperty name="login" property="name"/></h2>
 <%
 }
 else{
  %>
 <%-- 登录失败后，显示登录失败消息 --%>
 <h2> 很抱歉，<jsp:getProperty name="login" property="name"/> 登录失败！ </h2>
```

```
<%
}
%>
```

（6）运行程序，验证结果。

图 6-3 用户登录界面

启动 Tomcat 服务器，在浏览器的地址栏中输入：“http://localhost:8080/chatSix/login/ login.html”，用户登录界面如图 6-3 所示。用户输入用户名和密码后，单击“提交”按钮，由 jspLoginBean.jsp 负责用户名和密码的合法性验证。如果输入正确（如用户名输入 hlm，密码输入 hlm），则显示欢迎界面如图 6-4 所示；如果输入错误（如用户名输入 Mary，密码输入 123），则显示登录失败页面如图 6-5 所示。

图 6-4 登录成功

图 6-5 登录失败

6.3 客户留言中 JavaBean 的使用

“网上书店”具有客户留言功能，用户登录后，在首页上选择“顾客留言”，如图 6-6 所示。在新打开的页面中，用户能够查看其他顾客留言，如图 6-7 所示，并能够发表留言如图 6-8 所示。

图 6-6 首页导航——顾客留言

图 6-7 查看客户留言

图 6-8 登录客户发表留言

下面，我们分几个任务来实现客户留言功能。

（1）使用 JavaBean 封装客户留言数据。

（2）使用 JavaBean 封装客户留言数据操作。

（3）实现客户留言功能。

任务三：使用 JavaBean 封装客户留言数据

【任务描述】

分析客户留言数据，创建封装数据的 JavaBean—MemberLeavePojo.java。

【工作目标】

根据业务描述使用 JavaBean 封装数据。

【任务分析】

如图 6-7 所示，客户留言时需要的信息有发表留言的客户名称、留言日期、留言标题、留言内容，会员管理员的回复时间、回复内容。通常来说，一个 JavaBean 对应了数据库中的一张表。网上书店数据库的设计可以参照第 1 章中 1.4.2 节任务七：设计和创建“网上书店”数据库。客户留言功能中用到是 leaveword。表结构如表 6-3 所示。

表 6-3 客户留言表 leaveword 的结构

序号	字 段 名 称	数 据 类 型	说 明
1	Id	int	编号
2	Member	int	客户编号
3	Admin	int	管理员编号
4	Title	varchar（50）	留言标题
5	Content	text	留言内容
6	leaveDate	datetime	发表留言日期
7	AnswerContent	text	回复内容
8	AnswerDate	datetime	回复时间

【关键步骤】

在 ShopStore 的 com.pojo 包中，新建 MemberLeavePojo.java 类，类的属性如下所示。

```
package com.pojo;
import java.sql.Timestamp;;
//客户留言
public class MemberLeavePojo {
     private int id;
     private int member;
     private int admin;
     private String title;
     private String content;
     private Timestamp leaveDate;
     private String answerContent;
     private Timestamp answerDate;
}
```

对于属性的访问方法 getter 和 setter 以及构造方法，Eclipse 提供了方便、快捷的自动生成代码的方法。

在编辑窗口中单击鼠标右键，如图 6-9 所示，在弹出的快捷菜单中选择“源代码”下的“生成 Getter 和 Setter”命令，将会打开如图 6-10 所示的“生成 Getter 和 Setter”的窗口，选中所有的属性复选框，单击“确定”按钮后，将会为每个属性生成两个公有的访问方法。

同样，在图 6-9 中，如果我们选择“使用字段生成构造函数”，将会打开如图 6-11 所示的“使用字段生成构造函数”的窗口，选中所有的属性复选框，单击“确定”按钮后，将会生成具有 8 个参数的构造方法。当然，如果所有的属性不选中，也可以生成无参的构造方法。

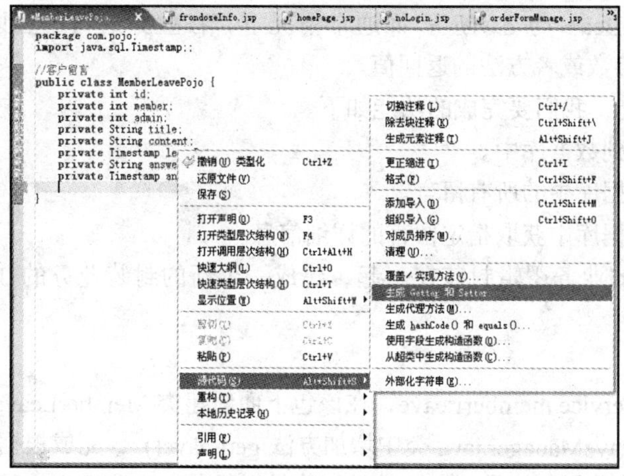

图 6-9　自动添加 Getter 和 Setter 方法

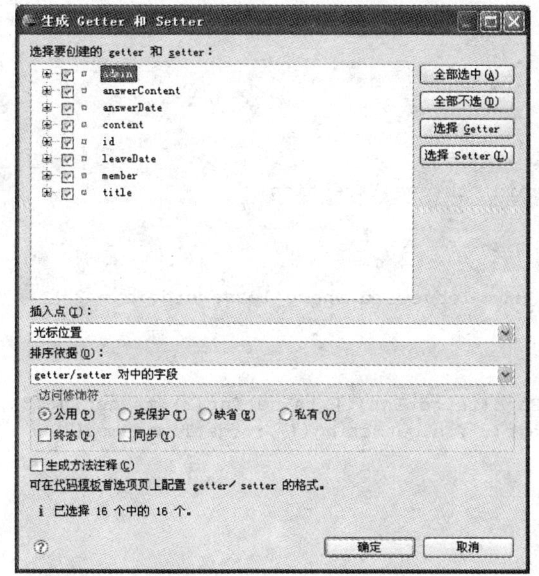

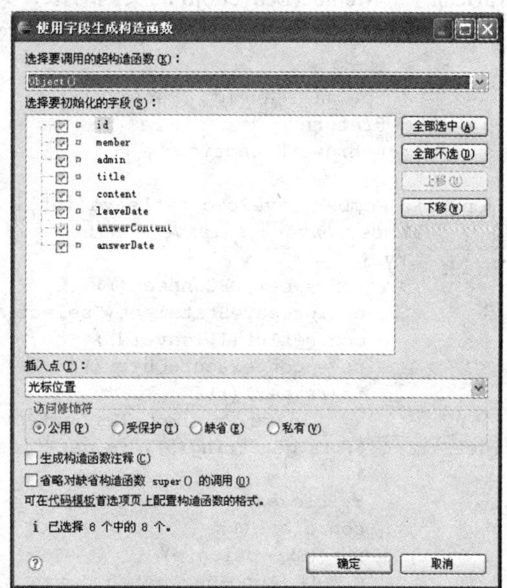

图 6-10　选择添加 Getter 和 Setter 方法的属性　　　　图 6-11　添加构造方法

通过 Eclipse 自动添加 Getter 和 Setter 方法以及构造方法，请参照项目的实例源码，在此不再详细列出。

任务四：使用 JavaBean 封装客户留言数据操作

【任务描述】

分析客户留言功能，创建封装操作的 JavaBean——MemberLeaveManager.java。

【工作目标】

根据业务描述使用 JavaBean 封装业务。

【任务分析】

我们在前面已经提到过，JavaBean 从功能上可以分为封装业务和封装数据两类。一个封装数据的 JavaBean 一般情况下对应着数据库内的一张表（或视图），JavaBean 的属性与表（或视图）内字段的属性一一对应。同样，相对于一个封装数据的 JavaBean，都会有一个封装该类的业务逻辑和业务操作的 JavaBean 与之对应。而通常情况下，在业务逻辑中会以对应的封装数据的 JavaBean 作为方法的参数或者方法的返回值。

对于客户留言功能，我们要完成的功能如下。

- 保存用户留言到数据库中。
- 获取保存在数据库中的所有留言。
- 根据编号从数据库中获取指定留言的详细信息。

将完成这些功能的业务逻辑封装在一起，建成一个新的封装业务的 JavaBean——MemberLeaveManager.java。

【关键步骤】

（1）新建包 com.service.memberLeave，在该包下面新建类 MemberLeaveManager.java。

（2）在 MemberLeaveManager.java 类中增加方法 getLeave()，完成根据编号得到留言的详细内容功能。方法的参数是留言编号，方法的返回值是在任务 3 中我们完成的封装客户留言数据的 JavaBean——MemberLeavePojo 的实例对象，具体代码如下。

```
/**
     * 留言详情
     * @param leaveid  留言 id
     * @return
     * @throws Exception
     */
public MemberLeavePojo getLeave(int leaveid) throws Exception{
    MemberLeavePojo leave = null;
    try {
        con = new DBConnect();
        con.prepareStatement("select * from leaveword where leaveword.id = ?");
        con.setInt(1,leaveid);
        rs = con.executeQuery();
        if(rs.next()){
            leave  =  new  MemberLeavePojo(rs.getInt(1),rs.getInt(2),rs.getInt(3),
rs.getString(4),rs.getString(5), rs.getTimestamp(6),rs.getString(7),rs.getTimestamp(8));
        }
        rs.close();
        con.close();
    } catch (Exception e) {
        // TODO Auto-generated catch block
        e.printStackTrace();
    }finally{
        rs.close();
        con.close();
    }
    return leave;
}
```

在上面的代码中，使用留言编号查询数据库的 leaveword 表，并将得到的记录的各个字段值封装成一个 MemberLeavePojo 对象。

（3）在 MemberLeaveManager.java 类中增加方法 saveLeave()，完成保存客户留言的功能。

```
public void saveLeave(MemberLeavePojo mlp) throws Exception{
        try {
                con = new DBConnect();
                con.prepareStatement("insert into leaveword(member,admin,title,content,
leaveDate) values (?,?,?,?,?) ");
                con.setInt(1, mlp.getMember());
                con.setInt(2, mlp.getAdmin());
                con.setString(3, mlp.getTitle());
                con.setString(4, mlp.getContent());
```

```
                con.setTimestamp(5,  new java.sql.Timestamp(new java.util.Date().
getTime()));
                con.executeUpdate();
                con.close();
        } catch (Exception e) {
                // TODO Auto-generated catch block
                e.printStackTrace();
        }finally{
                con.close();
        }
    }
```

该方法以用户输入的留言信息封装的 MemberLeavePojo 实例作为参数，并调用其 getter 方法获取各个属性值，并写到数据库的 leaveword 表中。

（4）在 MemberLeaveManager.java 类中增加方法 allLeave()，完成获取所有留言信息的功能，该方法的返回值是 List，因为要在页面上分页显示留言信息，因此方法的参数是两个整数，一个是每页显示的信息的条数，一个是当前页码，这两个参数将作为数据库查询时的条件，每次从数据表里返回相应条数的记录。具体代码如下。

```
  public List allLeave(int pageSize,int pageNow) throws Exception{
      List list = new ArrayList();
      MemberLeavePojo mlp = null;
      String sql = "select top "+pageSize+" * from leaveword where id not in(select top
"+(pageSize*(pageNow-1))+" id from leaveword)";
      try {
              con = new DBConnect();
              con.prepareStatement(sql);
              rs = con.executeQuery();
              while(rs.next()){
                   mlp = new MemberLeavePojo(rs.getInt(1),rs.getInt(2),rs.getInt(3),
rs.getString(4), rs.getString(5),rs.getTimestamp(6),rs.getString(7),rs.getTimestamp(8));
               list.add(mlp);
               }
              rs.close();
              con.close();
      } catch (Exception e) {
              // TODO Auto-generated catch block
              e.printStackTrace();
      }finally{
              rs.close();
              con.close();
      }
      return list;
  }
```

任务五：实现客户留言功能

【任务描述】

客户留言模块的主要功能有发表留言、显示留言。在任务三、任务四中我们已经创建了封装留言数据和封装留言操作的 JavaBean，在该任务中，我们将结合第 5 章学过的 Servlet，完成客户留言功能。

【工作目标】

学会在 Servlet 中使用封装数据的 JavaBean 和封装具体业务的 JavaBean。

【任务分析】

1. *发表留言*

登录用户能够发表留言，登录用户在页面上输入留言标题和留言内容后，提交给 Servlet，Servlet 从 session 中获得登录用户的信息，结合 request 传递的参数值，封装成为 MemberLeavePojo

（封装留言数据的 JavaBean）的对象，并将该对象作为参数，调用 MemberLeaveManager（封装客户留言操作的 JavaBean）类的保存留言方法 saveLeave()，将留言信息保存到数据库中。

2. 分页显示留言

用户通过首页的“顾客留言”链接进入留言页面时，会根据调用 Servlet 时传递的参数自动执行 Servlet 中的查看留言方法 seeLeave(),该方法会调用 MemberLeaveManager 类的 allLeave()方法，得到留言集合 List，并将 List 写入 request 对象中，在显示留言的页面上，会从 request 对象中获取 List，并将留言信息显示到页面上。

【关键步骤】

（1）在 WebRoot 下创建发表留言的页面——buyleave.jsp，部分相关代码如下。

```
  <FORM style="MARGIN: 0px" name= form1
 action="MemberLeaveServlet?method =1&mode = 4" method=post>
    <TABLE cellSpacing=0 cellPadding=0 width="94%" align=center  border=0>
      <TBODY>
         <TR>
          <TD colSpan=2><IMG height=45 src="<%=path%>/images/icon_LeaveWord.gif"
                width=140></TD>
 </TR>
        <TR> <TD colSpan=2> </TD></TR>
        <TR>
            <TD class=blackTitle align=right height=30>留言标题: </TD>
            <TD height=30><INPUT class=textBox id=wordTitle size=61
                    name=wordTitle></TD></TR>
          <TR>
   <TD class=blackTitle align=right>留言内容: </TD>
              <TD><TEXTAREA class=textBox id=content name=content rows=4 cols=60></TEXTAREA>
</TD></TR>
            <TR>
                <TD> </TD>
               <TD height=35><INPUT class=C_Input onclick=checkForm() type=button
 value=提交留言></TD></TR></TBODY></TABLE></FORM>
```

运行结果如图 6-12 所示，对文本输入的验证工作由 JavaScript 完成，在此不再赘述，具体代码请参见项目源码。

图 6-12　发表留言

用户输入留言标题和留言内容后，单击“提交留言”按钮，调用 MemberLeaveServlet 的 saveMemberLeave 方法保存用户留言到数据库中，同时显示到页面上。

（2）在 MemberLeaveServlet 中添加方法 saveMemberLeave()，完成对用户发表留言的保存和显示功能。

- 获取参数值。

```
MemberLeavePojo mlp = new MemberLeavePojo();
MemberLeaveManager mlm = new MemberLeaveManager();
```

```
PageManager pm = new PageManager();
HttpSession session = request.getSession();
String sPageNow = request.getParameter("pageNow");
MemberPojo mp = (MemberPojo)session.getAttribute("member");
String title = request.getParameter("wordTitle");
String content = request.getParameter("content");
```

● 如果是未登录用户，则转到提示登录的页面。

```
if(mp==null){
            try {
                go2Jsp(request, response, "/noLogin.jsp");
            } catch (Exception e) {
                // TODO Auto-generated catch block
                e.printStackTrace();
            }
    }
```

效果如图 6-13 所示。

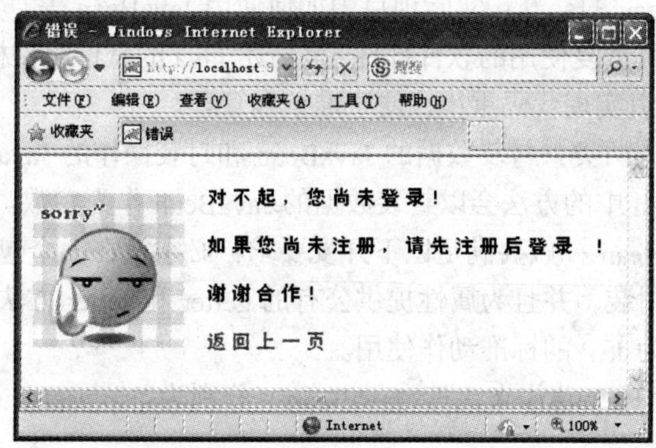

图 6-13 未登录用户提示页面

● 保存留言到数据库中。

```
//为留言数据 JavaBean MemberLeavePojo.java 的对象 mlp 的各个属性赋值
mlp.setMember(mp.getId());
mlp.setTitle(title);
mlp.setContent(content);
//以 mlp 为参数，调用封装留言操作的 JavaBean—MemberLeaveManager 的 saveLeave ( ) 方法完成保存功能
mlm.saveLeave(mlp);
```

（3）在 Servlet 中增加显示留言的方法。

```
public void seeLeave(HttpServletRequest request, HttpServletResponse response) {
        String sPageNow = request.getParameter("pageNow");
        if((sPageNow != null) && !(sPageNow.equals(""))){
                pageNow =  Integer.parseInt(sPageNow);
        }
        //获取总记录数
        String sql = "select count(*) from leaveword";
        rowCount = pm.getLrowCount(sql);
        //计算共有几页
        pageCount = (rowCount+pageSize-1)/pageSize;
        //调整当前页 pageNow
        if(pageNow > pageCount){
            pageNow = pageCount;
        }
        try {
```

```
            List list =  mlm.allLeave(pageSize,pageNow);
            request.setAttribute("list", list);
            request.setAttribute("pageNow", pageNow);
            request.setAttribute("pageCount", pageCount);
            request.setAttribute("rowCount", rowCount);
            go2Jsp(request, response, "/buyerLeave.jsp");
        } catch (Exception e) {
            // TODO Auto-generated catch block
            e.printStackTrace();
        }
    }
```

6.4 本章小结

技能回顾

本章重点讲解了 JavaBean 的相关内容，主要包括 JavaBean 的开发方法、JSP 对 JavaBean 的各种支持、表单与 JavaBean 的交互、实际项目中如何使用 JavaBean 等。具体内容如下。

- JavaBean 是一个可重复使用的软件部件，是描述 Java 的软件组件模型，是 Java 类的一种。使用 JavaBean 可以实现代码重用，便于维护和管理。
- JavaBean 可以分为两类：封装数据的 JavaBean 和封装操作的 JavaBean，通常情况下，封装操作的 JavaBean 中的方法会以封装数据的 JavaBean 作为参数。
- 封装数据的 JavaBean 一般要满足以下开发要求：必须放在一个包内，是公有的；类中的所有属性都必须封装，并且为属性提供公有的 getter 和 setter 方法；至少要存在一个无参方法，此方法会为 JSP 的标准动作使用。
- JSP 提供了 3 个标准动作来支持 JavaBean，分别为<jsp:useBean>、<jsp:setProperty>、<jsp:getProperty>。
- 在表单与 JavaBean 的交互中，可以进行参数的自动赋值操作。

知识拓展

1. Web 开发的标准目录结构

一个 JavaBean 编写完成之后，需要进行打包编译，那么编译好的 JavaBean 到底保存在哪个目录中呢?

想要回答这个问题，首先要掌握 Web 开发的标准目录结构，如图 6-14 所示。

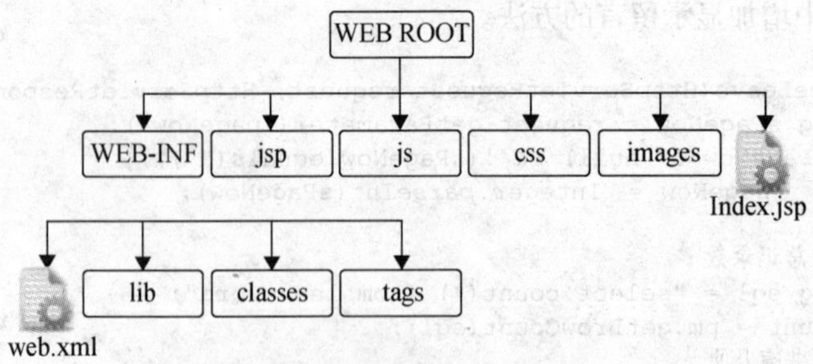

图 6-14 Web 目录的标准结构

从图 6-14 中可以看出，在 WEB-INF 下面定义了一个名为 classes 的文件夹，实际上，此文件夹可以保存所有的*.class 文件。图 6-14 中目录的具体作用如表 6-4 所示。

表 6-4　Web 项目中各个目录的作用

序号	目录或文件名称	作　　用
1	WEB ROOT	Web 的根目录，一般虚拟目录直接指向此文件夹，此文件夹下必然直接包含 WEB-INF
2	WEB-INF	Web 目录中最安全的文件夹，保存各种类、第三方 jar 包、配置文件
3	web.xml	Web 的部署描述符
4	classes	保存所有的 JavaBean，如果不存在，则可以手工创建
5	lib	保存所有的第三方 jar 文件
6	tags	保存所有的标签文件
7	jsp	存放*.jsp 文件，一般根据功能再建立子文件夹
8	js	存放所有需要的*.js 文件
9	css	样式表文件的保存路径
10	images	存放所有的图片，例如：*.gif 或*.jpg 文件

2. JavaBean 的保存范围

在<jsp:useBean>的指令上存在一个 scope 属性，表示的是一个 JavaBean 的保存范围，保存的范围一共是 4 种。

- page：保存在一页的范围之中，跳转之后此 JavaBean 无效。
- request：一个 JavaBean 对象可以保存在一次服务器跳转范围中。
- session：在一个用户的操作范围中保存，重新打开浏览器的时候才会声明新的 JavaBean。
- application：在整个服务器上保存，服务器关闭时才会消失。

下面编写一个 Count.java 类，分别测试 4 种属性范围。

用于计数的操作——Count.java。

```
package scope;
public class Count {
    private int count=0;
    public Count(){
          count++;
          System.out.println("===========一个新的对象产生===========");
    }
    public int getCount(){
        return count;
    }
}
```

（1）page 范围的 JavaBean。

定义 page 范围的 JavaBean——page_bean01.jsp。

```
<%@ page contentType="text/html" pageEncoding="GBK"%>
<html>
<head><title>page 范围的 JavaBean</title></head>
<jsp:useBean id="cou" scope="page" class="scope.Count"/>
<body>
<h3>第<jsp:getProperty name="cou" property="count"/>次访问！</h3>
<jsp:forward page="page_bean02.jsp"/>
</body>
</html>
```

跳转后的页面——page_bean02.jsp。

```
<%@ page contentType="text/html" pageEncoding="GBK"%>
<html>
```

```
<head><title>page 范围的 JavaBean</title></head>
<jsp:useBean id="cou" scope="page" class="scope.Count"/>
<body>
<h3>第<jsp:getProperty name="cou" property="count"/>次
访问！</h3>
</body>
</html>
```

以上程序首先在 page_bean01.jsp 中定义了一个 page 范围的 JavaBean（cou），然后跳转到 page_bean02.jsp 页面，由于此时的范围是 page 范围，所以跳转后在 page_bean02.jsp 中会重新定义新的 cou 对象，这一点可以在 Tomcat 后台输出中看到，会出现两次“新对象”产生的提示。程序的运行结果如图 6-15 所示。

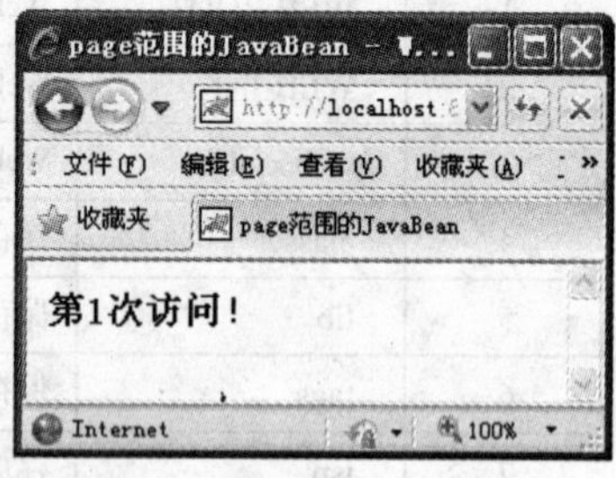

图 6-15　page 范围的 JavaBean

Tomcat 的后台输出如下。

```
===========一个新的对象产生===========
===========一个新的对象产生===========
```

（2）request 范围的 JavaBean。

如果一个 JavaBean 设置成了 request 范围，则在一次服务器跳转中，将不会重复声明 JavaBean 对象。

定义 request 范围的 JavaBean——request_bean01.jsp。

```
<%@ page contentType="text/html" pageEncoding="GBK"%>
<html>
<head><title>request 范围的 JavaBean</title></head>
<jsp:useBean id="cou" scope="request" class="scope.Count"/>
<body>
<h3>第<jsp:getProperty name="cou" property="count"/>次访问！</h3>
<jsp:forward page="request_bean02.jsp"/>
</body>
</html>
```

跳转后的页面——request_bean02.jsp。

```
<%@ page contentType="text/html" pageEncoding="GBK"%>
<html>
<head><title>request 范围的 JavaBean</title></head>
<jsp:useBean id="cou" scope="request" class="scope.Count"/>
<body>
<h3>第<jsp:getProperty name="cou" property="count"/>次访问！</h3>
</body>
</html>
```

以上程序首先在 request_bean01.jsp 中定义了一个 request 范围的 JavaBean（cou），然后跳转到 request_bean02.jsp 页面，此时不会重新生成新的 cou 对象，这一点可以在 Tomcat 后台输出中看到，只出现一次“新对象”产生的提示。程序的运行结果如图 6-16 所示。

图 6-16　request 范围的 JavaBean

Tomcat 的后台输出如下。

```
===========一个新的对象产生===========
```

（3）session 范围的 JavaBean。

当一个用户连接到 JSP 页面后，session 范围的 JavaBean 会一直保留，用户无论如何操作，都不会重新声明新的 JavaBean 对象。

定义 session 范围的 JavaBean——session_bean.jsp。

```
<%@ page contentType="text/html" pageEncoding="GBK"%>
<html>
<head><title>session 范围的 JavaBean</title></head>
<jsp:useBean id="cou" scope="session" class="scope.Count"/>
<body>
<h3>第<jsp:getProperty name="cou" property="count"/>次访问! </h3>
</body>
</html>
```

以上程序将一个 JavaBean 设置在 session 范围内，所以在一个 session 中，无论怎样刷新页面，session_bean.jsp 都不会重新声明新的 JavaBean 对象。3 次刷新页面后，程序的运行结果如图 6-17 所示。

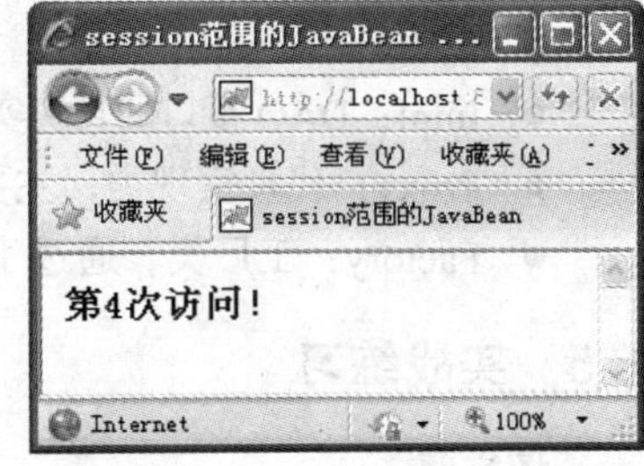

图 6-17　session 范围的 JavaBean

以上代码只要是在一个 session 下的刷新操作，count 就会一直进行向上的计数，只有使用新的 session 才会重新声明 JavaBean。

（4）application 范围的 JavaBean。

application 范围的 JavaBean 是所有用户共同拥有的，只要声明后，所有的用户都可以直接访问。

定义 application 范围的 JavaBean——application_bean.jsp。

```
<%@ page contentType="text/html" pageEncoding="GBK"%>
<html>
<head><title>application 范围的 JavaBean</title></head>
<jsp:useBean id="cou" scope="application" class="scope.Count"/>
<body>
<h3>第<jsp:getProperty name="cou" property="count"/>次访问! </h3>
</body>
</html>
```

以上代码无论有多少个用户连接，都只会操作一个 JavaBean 对象，除非服务器关闭后，JavaBean 对象才会消失。程序的运行结果如图 6-18 所示。

图 6-18　application 范围的 JavaBean

3. DAO 设计模式

DAO（Data Access Object，数据访问对象），主要的功能就是用于进行数据操作，在程序的标准开发架构中属于数据层的操作。程序的标准开发架构如图 6-19 所示。

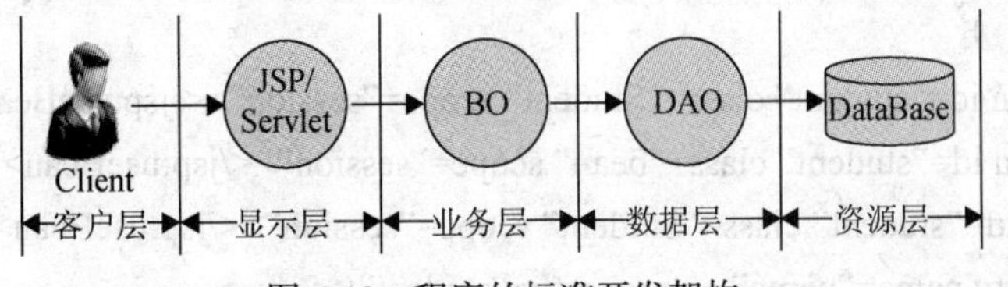

图 6-19　程序的标准开发架构

其中客户层、显示层、业务层和数据层分别介绍如下。

- 客户层：因为现在都采用了 B/S 开发架构，所以一般都使用浏览器进行访问。
- 显示层：使用 JSP/Servlet 进行页面效果的显示。
- 业务层（Business Object，业务对象）：会将多个原子性的 DAO 操作进行组合，组合成一个完整的业务逻辑。
- 数据层（DAO）：提供多个原子性的 DAO 操作，例如增加、修改、删除等，都属于原子性的操作。

在整个DAO中实际上都是以接口为操作标准的，即客户端依靠DAO实现的接口进行操作，而服务端要将接口进行具体的实现，DAO由以下几个部分组成。

- DatabaseConnection：专门负责数据库的打开与关闭操作的类。
- VO：主要由属性、setter、getter方法组成，VO类中的属性与表中的字段相对应，每一个VO类的对象都表示表中的每一条记录。
- DAO：主要定义操作的接口，定义一系列数据库的原子性操作，例如增加、修改、删除、按ID查询等。
- Impl：DAO接口的真实实现类，完成具体的数据库操作，但是不负责数据库的打开和关闭。
- Proxy：代理实现类，主要完成数据库的打开和关闭，并调用真实实现类对象的操作。
- Factory：工厂类，通过工厂类取得一个DAO的实例化对象。

6.5 实战练习

一、填空题

1. 在JSP中可以使用__________操作来设置JavaBean的属性，也可以用__________操作来获取JavaBean的值。
2. __________操作可以定义一个具有一定生存范围以及唯一ID的JavaBean实例。
3. JavaBean有4个scope，分别是page、__________、session和__________。

二、选择题

1. 关于JavaBean的说法正确的是（　　）。

   A. JavaBean是公共的类

   B. 在JSP文件中引用Bean，其实就是使用<jsp:useBean>语句

   C. 被引用的Bean文件的文件名后缀为.java

   D. JavaBean文件放在任何目录下都可以被引用

2. 在JSP中使用JavaBean时不会用到的标准动作是（　　）。

   A. <javabean>　　B. <jsp:useBean>　　C. <jsp:getProperty>　　D. <jsp:setProperty>

3. 在JSP中使用<jsp:getProperty>时，不会出现的属性时是（　　）。

   A. name　　B. property　　C. value　　D. param

4. 如果在项目中已经建立了一个JavaBean：bean.student，该bean具有name属性，则下列用法正确的是（　　）。

   A. <jsp:useBean id="student" class="Student" scope="session"></jsp:useBean>

   B. <jsp:useBean id="student" class="bean" scope="session"></jsp:useBean>

   C. sp:useBean id="student" class="Student" scope="session"></jsp:useBean>

   D. sp:getProperty name="name"　property="student"/>

5. （　　）方法可以获取bean的属性值。

   A. setProperty　　B. setValue　　C. getProperty　　D. getValue

6. （　　）动作用于嵌入现有的bean。

   A. include　　B. useBean　　C. setProperty　　D. getProperty

三、实战任务

任务1：使用JSP+JavaBean完成一个简单的注册验证程序。

任务2：完成“网上书店”客户留言模块“删除留言”的功能。

任务3：完成“网上书店”客户留言模块“留言回复”的功能。

第7章 升级“网上书店”系统为MVC设计模式

本章介绍了在进行项目设计时采用MVC设计模式的相关知识。重点讲解基于Servlet的MVC设计模式。主要包括了解MVC设计模式、实现基于MVC模式的应用程序、“网上书店”系统中结账功能的MVC模式设计与实现等内容。

7.1 工作任务与技能目标

工作任务

（1）实现基于MVC设计模式的应用程序。

（2）网上书店系统结账功能的MVC设计与实现。

技能目标

（1）掌握MVC模式的开发方法。

（2）能够熟练地编写简单的MVC应用程序。

（3）在MVC中会运用Servlet进行程序控制。

7.2 MVC设计模式

任务一：实现基于MVC模式的应用程序

【任务描述】

采用MVC设计模式实现Web系统的登录功能。

【工作目标】

了解设计模式概念和MVC设计模式的编程思路。

掌握基于MVC模式的应用程序设计与开发。

【任务分析】

我们已经学习了JSP和Servlet技术，使用它们我们可以开发出完整的Web项目。通过对Servlet技术的学习，大家已经了解JSP技术是在Servlet技术的基础上形成的，它的主要任务是简化页面的开发。在编写程序的时候，我们把大量的Java代码写在了JSP页面中，进行程序控制和业务逻辑的操作，而这违背了JSP技术的初衷，为程序员和美工带来了很大困扰，为了解决这个问题，在进行项目设计时采用MVC设计模式。

1. 什么是设计模式

设计模式是一套被反复使用、成功的代码设计经验的总结。模式必须是典型问题（不是个别问题）的解决方案。设计模式为某一类问题提供了解决方案，同时设计模式优化了代码，使代码更容易让别人理解，提高重用性、可靠性。

2. MVC设计模式的定义

MVC是一种流行的软件设计模式，它把系统分为3个模块（如图7-1所示）。

- 模型（Model）：对应的组件是JavaBean（Java类）。
- 视图（View）：对应的组件是JSP文件或HTML文件。
- 控制器（Controller）：对应的组件是Servlet。

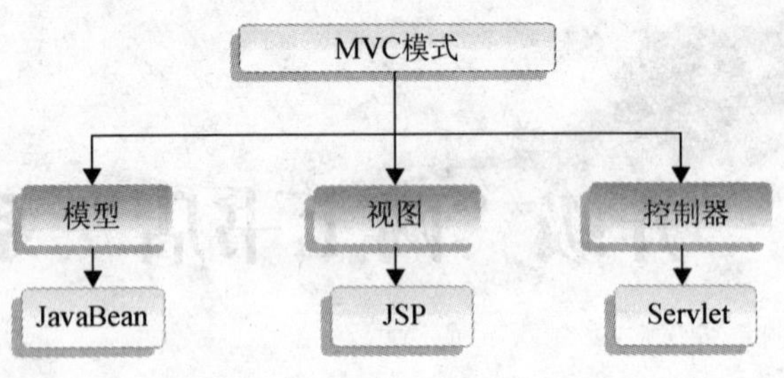

图7-1 MVC设计模式

模型（Model）可以分为业务模型和数据模型，它们代表应用程序的业务逻辑和状态。视图（View）提供可交互的客户界面，向客户显示模型数据。控制器（Controller）响应客户的请求，根据客户的请求来操作模型，并把模型的响应结果经由视图展现给客户。

3. MVC设计模式的优势

采用MVC设计模式具有以下优势。

（1）各司其职，互不干涉。

在MVC模式中，3个层各司其职，所以如果哪一层的需求发生了变化，就只需要更改相应层中的代码即可，而不会影响到其他层。

（2）有利于开发中的分工。

在MVC模式中，由于按层把系统分开，那么就能更好地实现开发中的分工。网页设计人员可以开发JSP页面，对业务熟悉的开发人员可以开发模型中相关业务处理的方法，而其他开发人员可开发控制器，以进行程序控制。

（3）有利于组件的重用。

分层后更有利于组件的重用，如控制层可独立成一个通用的组件，视图层也可做成通用的操作界面。MVC最重要的特点就是把显示与数据分离，这样就增加了各个模块的可重用性。

4. MVC模式的编程思路

采用MVC模式开发程序时，应注意各个组件的分工与协作，在视图（JSP）中，不要进行业务逻辑和程序控制的操作，视图只是显示动态内容，不做其他操作。模型与控制器也是一样，它们有各自的“工作内容”，各尽其职，如图7-2所示。

当客户端发送请求时，服务器端Servlet接收请求数据，并根据数据，调用模型中相应的方法访问数据库，然后把执行结果返回给Servlet，Servlet根据结果转向不同的JSP或HTML页面，以响应客户端请求。

登录功能是大家比较熟悉的，前面已经通过JSP形式实现，下面我们通过MVC模式实现登录功能，主要完成视图（View）功能的页面程序、模型（Model）功能的业务逻辑程序与控制器（Controller）功能的Servlet程序。

【关键步骤】

（1）启动Eclipse，打开原有项目BookShop。

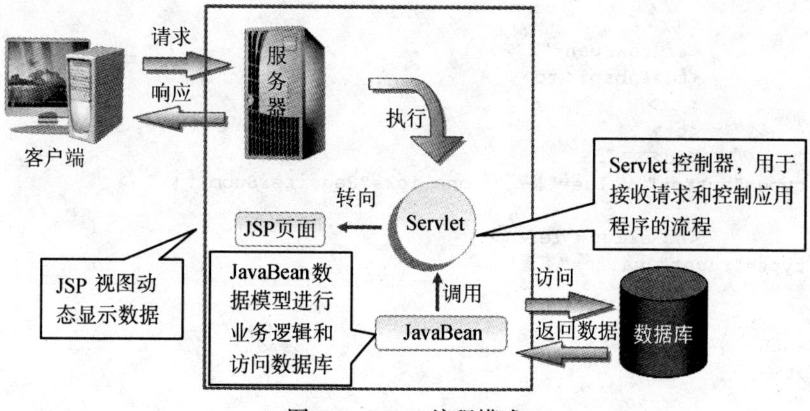

图 7-2 MVC 编程模式

（2）新建“chap07”文件夹，在该文件夹下新建视图（View）功能页面程序 Login.html，代码如下。

```
<HTML>
<HEAD>
<TITLE>网上书店系统</TITLE>
<META http-equiv=Content-Type content="text/html; charset=gb2312">
<script language="javascript" type="">
    function RegisterSubmit(){
        with(document.Register){
            var user=loginName.value;
            var pass=password.value;
            if(user==null||user==""){
                    alert("请填写用户名");
                    }
                    else if(pass==null||pass==""){
                        alert("请填写密码");
                        }
                    else document.Register.submit();
            }
        }
</script>
</HEAD>
<BODY>
    <form method="POST" name="Register" action="/ShopStore/Login">
    <TABLE style="TEXT-ALIGN: center"  width=590 border=0>
        <tr>
            <td>
            <p align="center">用户名: </p>
            </td>
            <td align="left">
<input type="text" name="loginName" size="20">
</td>
            </tr>
            <tr rowspan="2">
            <td> </td>
            </tr>
            <tr>
            <td>
            <p align="center">密  码:
            </td>
            <td align="left">
<input type="password" name="password" size="20">
```

```
</td>
                <tr>
                <tr rowspan="2">
                <td> </td>
                </tr>
                <tr>
                <td>
<input type="button" value="提交"  onclick="RegsiterSubmit()" />
</td>
                <td align="left">
<input type="reset" value="重置" />
</td>
                </tr>
    </TABLE>
    </form>
</BODY>
</HTML>
```

（3）编写控制器（Controller）功能的 Servlet 程序 Login.java，代码如下。

```
import java.io.IOException;
import javax.servlet.*;
import javax.servlet.http.*;
public class Login extends HttpServlet {
public void doGet(HttpServletRequest request, HttpServletResponse response)
            throws ServletException, IOException {
          doPost(request, response);
    }
    public void doPost(HttpServletRequest request, HttpServletResponse response)
          throws ServletException, IOException {
        request.setCharacterEncoding("GBK");
        //获取 session
        HttpSession session = request.getSession();
        //获取输入的数据
        String pass = request.getParameter("password");
        String user = request.getParameter("loginName");
        //创建业务对象，验证登录
        CheckLogin ck =new CheckLogin();
        if (ck.validate(user, pass)) {
            response.sendRedirect("/BookStore/books.jsp");
        } else {
            response.sendRedirect("/BookStore/Login.html");
        }
        }
    }
```

（4）编写模型（Model）功能的业务逻辑程序 CheckLogin.java，代码如下。

```
import java.sql.*;
public class CheckLogin {
public boolean validate(String user, String pass) {
          boolean valid = false;
          Connection dbConnection = null;
          PreparedStatement pStatement = null;
          ResultSet res = null;
          try {
                String sql = "select * from userinfo where loginname = ? ";
                Connection con = ConnectionManager.getConnction();
                pStatement = con.prepareStatement(sql);
                pStatement.setString(1, user);
                res = pStatement.executeQuery();
                if (res.next() && res.getString("password").equals(pass)) {
```

```
                valid = true;
            } else {
                System.out.println("登录失败!");
            }
        } catch (SQLException sqlE) {
            sqlE.printStackTrace();
        } finally {
            ConnectionManager.closeResultSet(res);
            ConnectionManager.closeStatement(pStatement);
            ConnectionManager.closeConnection(dbConnection);
        }
        return valid;
    }
}
```

（5）启动 Tomcat 服务器后，部署 BookShop 项目，在 IE 地址栏输入“http://localhost:8080/BookShop/chap07/login.html”，运行结果如图 7-3 所示。

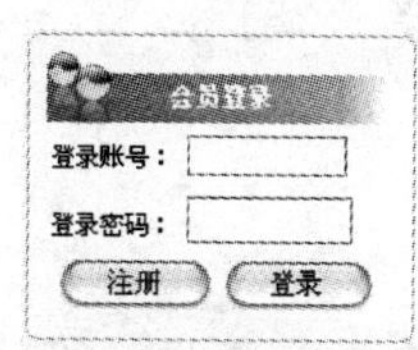

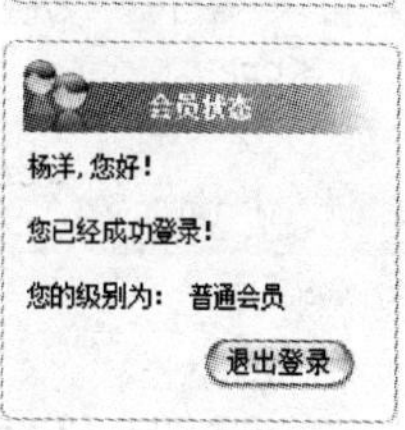

图 7-3 会员登录成功

7.3 完成“网上书店”的结账功能

任务二：视图的创建

【任务描述】

实现“网上书店”结账功能中视图（View）的创建。

【工作目标】

学会视图（View）组件的程序开发。

【任务分析】

视图(View)代表用户交互界面，对于 Web 应用来说，可以概括为 HTML 界面，但有可能为 XHTML、XML 和 Applet。由于应用的复杂性和规模性，界面的处理也变得具有挑战性。一个应用可能有很多不同的视图，MVC 设计模式对于视图的处理仅限于视图上对数据的采集和处理，以及用户的请求，而不包括在视图上的业务流程的处理。业务流程的处理交予模型（Model）处理。比如一个订单的视图只接收来自模型的数据并显示给用户，并将用户界面的输入数据和请求传递给控制和模型。

在 J2EE 应用程序中，视图（View）可能由 Java Server Page（JSP）承担。生成视图的代码则可能是一个 Servlet 的一部分，特别是在客户端、服务端交互的时候。

为了实现结账功能，我们需要创建一个提供给用户输入个人信息的页面。为此我们创建 order.html 文件，内容如下关键步骤代码所示，页面效果如图 7-4 所示。

【关键步骤】

（1）编写视图（View）功能的用户个人信息输入页面 order.html。

```
<HTML>
<HEAD>
<TITLE>网上书店系统</TITLE>
<script language="javascript" type="">
    function RegisterSubmit(){
        with(document.order){
            var user=username.value;
            var cart=creditcard.value;
            if(user==null||user==""){
                alert("请填写用户名");
            }
```

```
                        else if(cart==null||cart==""){
                            alert("请填写信用卡号码");
                            }
                        else
                            document.order.submit();
            }
        }
</script>
</HEAD>
<BODY>
<form method="POST" name="order" action="/BookStore/Processorder">
    <TABLE style="TEXT-ALIGN: center"  width=590 border=0>
        <th>请输入如下信息: </th>
        <tr>
            <td colspan="2"> </td>
        </tr>
        <tr>
            <td>用户名:</td>
            <td>
                <div align="left">
                    <input type="text" name="username" size="20" />
                </div>
                </td>
          </tr>
<tr>
            <td colspan="2"> </td>
          </tr>
        <tr>
            <td>邮编:</td>
            <td>
            <div align="left">
 <input type="text" name="zipcode"  size="20" />
        </div>
            </td>
        </tr>
        <tr>
            <td colspan="2"> </td>
        </tr>
        <tr>
            <td>电话:</td>
            <td>
            <div align="left">
             <input type="text" name="phone" size="20" />
            </div>
            </td>
        </tr>
        <tr>
            <td colspan="2"> </td>
        </tr>
        <tr>
            <td>信用卡:</td>
            <td>
            <div align="left">
             <input type="text" name="creditcard"   size="20" />
            </div>
            </td>
        </tr>
        <tr rowspan="2">
           <td> </td>
        </tr>
        <tr>
            <td>
```

```
                <input type="button" value="提交" onclick="RegisterSubmit()" />
              </td>
              <td align="left">
                <input     type="reset" value="重置" />
            </td>
            </tr>
    </TABLE>
    </form>
</BODY>
</HTML>
```

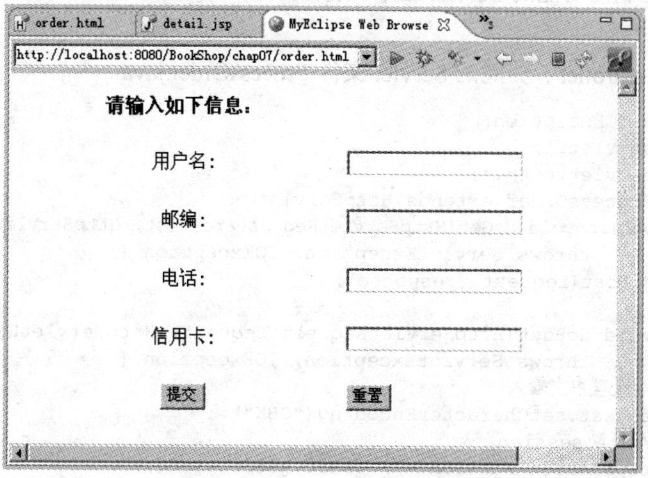

图 7-4 order.html 页面效果图

（2）还要创建一个结账成功后的结束页面 bye.jsp，如图 7-5 所示。

图 7-5 结束页面

任务三：控制器的创建

【任务描述】

实现“网上书店”结账功能中控制器（Controller）的创建。

【工作目标】

学会控制器（Controller）组件的程序开发。

【任务分析】

控制器（Controller）的作用可以理解为从用户接收请求，将模型与视图匹配在一起，共同完成用户的请求。划分控制层的作用也很明显，它清楚地告诉你，它就是一个分发器，选择什么样的模型，选择什么样的视图，可以完成什么样的用户请求。控制层并不做任何的数据处理。例如，用户点击一个连接，控制层接受请求后，并不处理业务信息，它只把用户的信息传递给模型，告诉模型做什么，选择符合要求的视图返回给用户。因此，一个模型可能对应多个视图，一个视图可能对应多个模型。

模型、视图与控制器的分离，使得一个模型可以具有多个显示视图。如果用户通过某个视图的控制器改变了模型的数据，所有其他依赖于这些数据的视图都应反映到这些变化。因此，无论何时发生了何种数据变化，控制器都会将变化通知所有的视图，导致显示的更新，这实际上是一种模型的变化—传播机制。

在 J2EE 应用中，控制器可能是一个 Servlet，现在一般用 Struts 实现。

用户在个人信息输入页面 order.html 中输入完信息后，将提交给控制器来处理，接下来，我们将编写用于实现控制器功能的 Servlet 程序文件 ProcessOrder.java。

【关键步骤】

编写控制器（Controller）功能的 Servlet 文件 ProcessOrder.java。

```
import java.io.IOException;
import javax.servlet.*;
import javax.servlet.http.*;
public class ProcessOrder extends HttpServlet {
            public void doGet(HttpServletRequest request, HttpServletResponse response)
                 throws ServletException, IOException {
            doPost(request, response);
    }
      public void doPost(HttpServletRequest request, HttpServletResponse response)
                 throws ServletException, IOException {
            // 处理中文输入
            request.setCharacterEncoding("GBK");
            // 获取 session
            HttpSession session = request.getSession();
            // 获取输入的表单数据
            String username = request.getParameter("username");          // 用户名
            String zipcode = request.getParameter("zipcode");            // 邮编
            String phone = request.getParameter("phone");                // 电话
            String creditcard = request.getParameter("creditcard");      // 信用卡
            //读出总的价钱
      double total = ((Double)session.getAttribute("total")).doubleValue();
            OrderOperation op = new OrderOperation();
            op.saveOrder(username, zipcode, phone, creditcard, total);
      request.getRequestDispatcher("/BookStore/bye.jsp").forward(request,response);
            session.invalidate();
            }
}
```

任务四：模型的创建

【任务描述】

实现“网上书店”结账功能中模型（Model）的创建。

【工作目标】

学会模型（Model）组件的程序开发。

【任务分析】

模型（Model）就是业务流程/状态的处理以及业务规则的制定。业务流程的处理过程对其他层来说是黑箱操作，模型接收视图请求的数据，并返回最终的处理结果。业务模型的设计可以说是 MVC 最主要的核心。目前流行的 EJB 模型就是一个典型的应用例子，它从应用技术实现的角度对模型做了进一步的划分，以便充分利用现有的组件，但它不能作为应用设计模型的框架。它仅仅告诉开发者按这种模型设计就可以利用某些技术组件，从而减少了技术上的困难。对一个开发者来说，就可以专注于业务模型的设计。MVC 设计模式告诉我们，把应用的模型按一定的规则抽取出来，抽取的层次很重要，这也是判断开发人员是否优秀的设计依据。抽象与具体不能隔得太远，也不能太近。MVC 并没有提供模型的设计方法，而只告诉开发者应该组织管理这些模型，以便于模型的重构和提高重用性。我们可以用对象编程来做比喻，MVC 定义了一个顶级类，告诉它的子类你只能做这些，这点对编程的开发人员来说非常重要。

业务模型还有一个很重要的模型那就是数据模型。数据模型主要指实体对象的数据 保存（持续化）。比如将一张订单保存到数据库，从数据库获取订单。我们可以将这个模型单独列出，所有有关数据库的操作只限制在该模型中。

现在我们的“网上书店”系统已经可以购买书籍了，但是作为一个商城式网站，还缺少一项工作——结账。我们把系统设计为货到付款方式进行结算书款，在用户购买书籍后，进行结账的操作，我们为用户提供了一个录入个人信息的页面，并同时计算出当前用户购买书籍的总值，系统把用户信息和消费额等数据保存到数据库中，以便管理员对订单进行处理。

在 J2EE 应用程序中，模型则是由一个实体 Bean 来实现的。

下面我们将创建一个订单业务类 OrderOperation 对象，并调用了 saveOrder()方法。

【关键步骤】

编写模型（Model）功能的订单业务类文件 OrderOperation.java。

```
import java.sql.*;
public class OrderOperation {
public int saveOrder(String username, String zipcode, String phone,
                    String creditcard, double total) {
        int result = 0;
        Connection con = null;
        PreparedStatement pStatement = null;
        try {
             con = ConnectionManager.getConnction();
             String strSql = "insert into BookOrder(username,zipcode,phone,"
                        + "creditcard,total) values(?,?,?,?,?)";
             pStatement = con.prepareStatement(strSql);
             pStatement.setString(1, username);
             pStatement.setString(2, zipcode);
             pStatement.setString(3, phone);
             pStatement.setString(4, creditcard);
             pStatement.setDouble(5, total);
             System.out.println(strSql);
             result = pStatement.executeUpdate();
        } catch (SQLException sqlE) {
             sqlE.printStackTrace();
        } finally {
             ConnectionManager.closeStatement(pStatement);
             ConnectionManager.closeConnection(con);
        }
        return result;
    }
}
```

7.4 本章小结

技能回顾

本章重点讲解基于 Servlet 的 MVC 设计模式。主要内容包括 MVC 模式的优势、MVC 模式的应用程序开发、在 MVC 中运用 Servlet 进行程序的控制。主要内容如下。

（1）设计模式是某一类问题的解决方案，是一套被反复使用、成功的代码设计经验的总结。

（2）MVC 设计模式把系统分为以下 3 个模块。

- 模型（Model）：对应的组件是 JavaBean（Java 类）。
- 视图（View）：对应的组件是 JSP 或 HTML 文件。
- 控制器（Controller）：对应的组件是 Servlet。

（3）由 Servlet 接收客户端请求，调用相应的模型处理业务逻辑和数据，再由 Servlet 根据处理的结果，选择相应的 JSP 或 HTML 文件响应客户端。

知识拓展

1. Java Web 开发模式

JSP 技术规范中给出了两种使用 JSP 开发 Web 应用的方式，这两种方式可以归纳为模型一和模型二，这两种模型的主要差别在于它们处理业务的流程不同。

MVC 模式（模型二），如图 7-6 所示，称为 JSP+Servlet+JavaBeans 模型。这一模型结合了 JSP 和 Servlet 技术，充分利用了 JSP 和 Servlet 两种技术原有的优势。这个模型使用 JSP 技术来表现页面，使用 Servlet 技术完成大量的事务处理，使用 Bean 来存储数据。Servlet 用来处理请求的事务，充当一个控制者的角色，并负责向客户发送请求。它创建 JSP 需要的 Bean 和对象，然后根据用户请求的行为，决定将哪个 JSP 页面发送给客户。

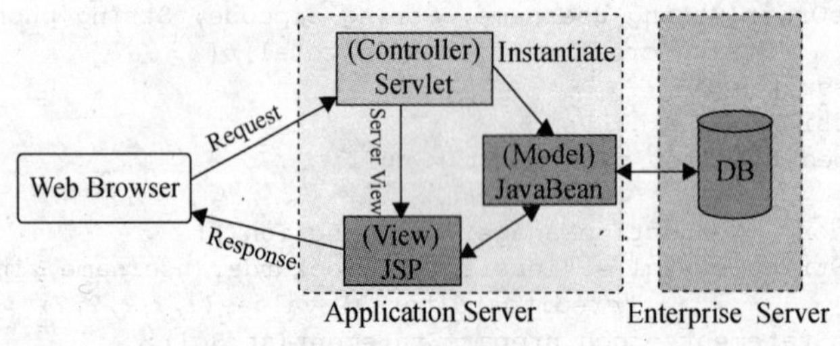

图 7-6　JSP 模型二

从开发的观点看，模型二具有更清晰的页面表现，清楚的开发角色的划分，可以充分利用开发团队中的网页设计人员和 Java 开发人员。这些优势在大型项目中表现得尤为突出，网页设计人员可以充分发挥自己的美术和设计才能来充分表现页面，程序编写人员可以充发挥自己的业务逻辑处理思维，实现项目中的业务处理。

另外，从设计结构来看，这种模型充分体现了模型视图控制器（MVC）的设计架构。事实上，现存的很多开发框架都是基于这种模型的，充分实现了 MVC，例如 Apache Struts 框架和 JavaServer Faces 框架。

2. SSH 框架

（1）SSH 定义。

SSH 为 struts+spring+hibernate 的一个集成框架，是目前较流行的一种 Web 应用程序开源框架，如图 7-7 所示。

集成 SSH 框架的系统从职责上分为 4 层：表示层、业务逻辑层、数据持久层和域模块层，以帮助开发人员在短期内搭建结构清晰、可复用性好、维护方便的 Web 应用程序。其中使用 Struts 作为系统的整体基础架构，负责 MVC 的分离，在 Struts 框架的模型部分，利用 Hibernate 框架对持久层提供支持，业务层用 Spring 支持。具体做法是：用面向对象的分析方法根据需求提出一些模型，将这些模型实现为基本的 Java 对象，然后编写基本的 DAO 接口，并给出 Hibernate 的 DAO

实现，采用 Hibernate 架构实现的 DAO 类来实现 Java 类与数据库之间的转换和访问，最后由 Spring 完成业务逻辑。

系统的基本业务流程是：在表示层中，首先通过 JSP 页面实现交互界面，负责传送请求（Request）和接收响应（Response），然后 Struts 根据配置文件（struts-config.xml）将 Action Servlet 接收到的 Request 委派给相应的 Action 处理。在业务层中，管理服务组件的 Spring IoC 容器负责向 Action 提供业务模型（Model）组件和该组件的协作对象数据处理（DAO）组件完成业务逻辑，并提供事务处理、缓冲池等容器组件以提升系统性能和保证数据的完整性。而在持久层中，则依赖于 Hibernate 的对象化映射和数据库交互，处理 DAO 组件请求的数据，并返回处理结果。

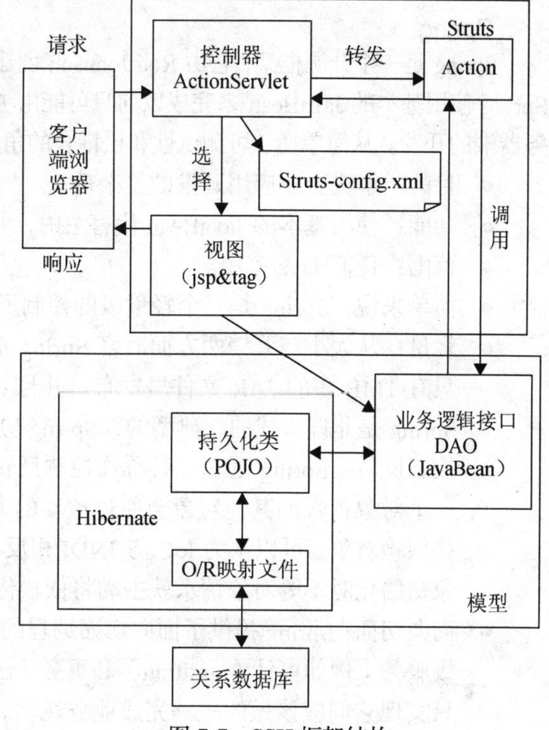

图 7-7　SSH 框架结构

采用上述开发模型，不仅实现了视图、控制器与模型的彻底分离，而且还实现了业务逻辑层与持久层的分离。这样无论前端如何变化，模型层只需很少的改动，并且数据库的变化也不会对前端有所影响，大大提高了系统的可复用性。而且由于不同层之间耦合度小，有利于团队成员并行工作，因而大大提高了开发效率。

（2）SSH 框架结构。

Struts 对 Model、View 和 Controller 都提供了对应的组件。在图 7-6 中，ActionServlet 类是 Struts 的核心控制器，负责拦截来自用户的请求。Action 类通常由用户提供，该控制器负责接收来自 ActionServlet 的请求，并根据该请求调用模型的业务逻辑方法处理请求，然后将处理结果返回给 JSP 页面显示。

Model 部分

由 ActionForm 和 JavaBean 组成，其中 ActionForm 用于封装用户的请求参数，封装成 ActionForm 对象，该对象被 ActionServlet 转发给 Action，Action 根据 ActionForm 里面的请求参数处理用户的请求。

JavaBean 则封装了底层的业务逻辑，包括数据库访问等。

View 部分

该部分采用 JSP（或 HTML、PHP）实现。

Struts 提供了丰富的标签库，通过标签库可以减少脚本的使用，自定义的标签库可以实现与 Model 的有效交互，并增加了现实功能，对应图 7-7 中的 JSP 部分。

Controller 组件

Controller 组件由两个部分组成——系统核心控制器和业务逻辑控制器。

系统核心控制器，对应图 7-7 中的 ActionServlet。该控制器由 Struts 框架提供，继承 HttpServlet 类，因此可以配置成标注的 Servlet。该控制器负责拦截所有的 HTTP 请求，然后根据用户请求决定是否要转给业务逻辑控制器。

业务逻辑控制器负责处理用户请求，本身不具备处理能力，而是调用Model来完成处理，对应图7-7中的Action部分。

Spring

Spring是一个开源框架，它由Rod Johnson创建。它是为了解决企业应用开发的复杂性而创建的。Spring使用基本的JavaBean来完成以前只可能由EJB完成的事情。然而，Spring的用途不仅限于服务器端的开发。从简单性、可测试性和松耦合的角度而言，任何Java应用都可以从Spring中受益。

- 目的：解决企业应用开发的复杂性。
- 功能：使用基本的JavaBean代替EJB，并提供了更多的企业应用功能。
- 范围：任何Java应用。
- 简单来说，Spring是一个轻量级的控制反转（IoC）和面向切面（AOP）的容器框架。
- 轻量：从大小与开销两方面而言Spring都是轻量的。完整的Spring框架可以在一个大小只有1MB多的JAR文件里发布。并且Spring所需的处理开销也是微不足道的。此外，Spring是非侵入式的、典型的，Spring应用中的对象不依赖于Spring的特定类。
- 控制反转：Spring通过一种称作控制反转（IoC）的技术促进了松耦合。当应用了IoC，一个对象依赖的其他对象会通过被动的方式传递进来，而不是这个对象自己创建或者查找依赖对象。可以认为IoC与JNDI相反——不是对象从容器中查找依赖，而是容器在对象初始化时不等对象请求就主动将依赖传递给它。
- 面向切面：Spring提供了面向切面编程的丰富支持，允许通过分离应用的业务逻辑与系统级服务［例如审计（auditing）和事务（transaction）管理］进行内聚性的开发。应用对象只实现它们应该做的——完成业务逻辑，仅此而已。它们并不负责（甚至是意识）其他的系统级关注点，例如日志或事务支持。
- 容器：Spring包含并管理应用对象的配置和生命周期，在这个意义上它是一种容器，你可以配置你的每个bean如何被创建——基于一个可配置原型（prototype），bean可以创建一个单独的实例或者每次需要时都生成一个新的实例——以及它们是如何相互关联的。然而，Spring不应该被混同于传统的重量级EJB容器，它们经常是庞大与笨重的，难以使用。
- 框架：Spring可以将简单的组件配置、组合成为复杂的应用。在Spring中，应用对象被声明式地组合，典型的应用是在一个XML文件里。Spring也提供了很多基础功能（事务管理、持久化框架集成等），将应用逻辑的开发留给了程序员。

所有Spring的这些特征使开发人员能够编写更干净、更可管理并且更易于测试的代码。它们也为Spring中的各种模块提供了基础支持。

Hibernate

Hibernate是一个开放源代码的对象关系映射框架，它对JDBC进行了非常轻量级的对象封装，使得Java程序员可以随心所欲地使用对象编程思维来操纵数据库。Hibernate可以应用在任何使用JDBC的场合，既可以在Java的客户端程序使用，也可以在Servlet/JSP的Web应用中使用，最具革命意义的是，Hibernate可以在应用EJB的J2EE架构中取代CMP，完成数据持久化的重任。

Hibernate的核心接口一共有5个，分别为Session、SessionFactory、Transaction、Query和Configuration。这5个核心接口在任何开发中都会用到。通过这些接口，不仅可以对持久化对象进行存取，还能够进行事务控制。下面对这5个核心接口分别加以介绍。

- Session接口：Session接口负责执行被持久化对象的CRUD操作（CRUD的任务是完成与数据库的交流，包含了很多常见的SQL语句）。但需要注意的是Session对象是非线程安全的。同时，Hibernate的Session不同于JSP应用中的HttpSession。这里当使用Session

这个术语时，其实指的是 Hibernate 中的 Session，而以后会将 HttpSession 对象称为用户 Session。

- SessionFactory 接口：SessionFactory 接口负责初始化 Hibernate。它充当数据存储源的代理，并负责创建 Session 对象。这里用到了工厂模式。需要注意的是 SessionFactory 并不是轻量级的，因为一般情况下，一个项目通常只需要一个 SessionFactory 就够了，当需要操作多个数据库时，可以为每个数据库指定一个 SessionFactory。
- Transaction 接口：Transaction 接口负责事务相关的操作。它是可选的，开发人员也可以设计编写自己的底层事务处理代码。
- Query 接口：Query 接口负责执行各种数据库查询。它可以使用 HQL 语言或 SQL 语句两种表达方式。
- Configuration 接口：Configuration 接口负责配置并启动 Hibernate，创建 SessionFactory 对象。在 Hibernate 的启动的过程中，Configuration 类的实例首先定位映射文档位置、读取配置，然后创建 SessionFactory 对象。

7.5 实战练习

一、选择题

1. 以下不属于 MVC 设计模式中 3 个模块的是（　　）。
   A. 模型　B. 表示层　C. 视图　D. 控制器
2. 使用 MVC 模式设计的 Web 应用程序具有以下优点，除了（　　）。
   A. 可维护性强　B. 可扩展性强　C. 代码重复较少　D. 大大减少代码量
3. 在 MVC 模式中，（　　）层专用于客户端应用程序的图形数据表示，与实际数据处理无关。
   A. 模型　B. 视图　C. 控制器　D. 数据
4. 在 MVC 设计模式中，（　　）接收用户请求数据。
   A. HTML　B. JSP　C. Servlet　D. 业务类
5. 在 JavaEE 3 层体系结构中，中间层与 MVC 设计模式中的（　　）模块相对应。
   A. 视图　B. 控制器　C. 模型　D. 以上都不对
6. Model II 设计模式也称为（　　）设计模式。
   A. MVC　B. JavaEE　C. Web　D. 大型
7. Model I 与 Model II 模式之间的区别在于（　　）组件的使用。
   A. JSP　B. JavaBean　C. Servlet　D. JSP 标准动作
8. JavaEE 的 3 层结构包括表示层、（　　）和（　　）。
   A. 服务层　B. 中间层　C. 保存层　D. 数据层
9. 下列有关 Servlet 的生命周期，说法不正确的是（　　）。
   A. 在创建自己的 Servlet 时候，应该在初始化方法 init()方法中创建 Servlet 实例。
   B. 在 Servlet 生命周期的服务阶段，执行 service()方法，根据用户请求的方法，执行相应的 doGet()或是 doPost()方法。
   C. 在销毁阶段，执行 destroy()方法后系统立刻进行垃圾回收。
   D. destroy()方法仅执行一次，即在服务器停止且卸载 Servlet 时执行该方法。
10. 在 MVC 设计模式中，JavaBean 的作用是（　　）。
    A. Controller　B. Model　C. 业务数据的封装　D. View
11. 在 JavaWeb 应用中，MVC 设计模式中的 View（视图）通常由（　　）充当。

A. JSP B. Servlet C. Action D. JavaBean

12. 阅读下面代码片段：

```
JavaBeanClass bean=new JavaBeanClass(parameter);
HttpSession session=request.getSession(true);
session.setAttribute("keyword",bean);
```

该段代码创建的 Bean，下列叙述正确的选项是（ ）。

A. Request 周期的 Bean B. Application 周期的 Bean

C. Session D. Page 周期的 Bean

13. 阅读下面代码片段：

```
JavaBeanClass bean=new JavaBeanClass(parameter);
getServletContext().setAttribute("keyword",bean); 或者
Application.setAttribute("keyword",bean);
```

该段代码创建的 Bean，下列叙述正确的选项是（ ）。

A. Request 周期的 Bean B. Application 周期的 Bean

C. Session D. Page 周期的 Bean

14. 阅读下面代码片段：

```
JavaBeanClass bean=new JavaBeanClass(parameter);
request.setAttribute("keyword",bean);
```

该段代码创建的 Bean，下列叙述正确的选项是（ ）。

A. Request 周期的 Bean B. Application 周期的 Bean

C. Session D. Page 周期的 Bean

15. 阅读下面代码片段：

```
RequestDispatcher dispatcher=request.getRequestDispatcher("a.jsp");
dispatcher.forward(request,response);
```

关于该段代码的作用，下列叙述正确的选项是（ ）。

A. 页面重定向到 a.jsp 页面 B. 将请求转发到 a.jsp 页面

C. 从 a.jsp 定向到当前页面 D. 从 a.jsp 转发到当前页面

二、实战任务

任务 1：应用 MVC 设计模式，实现电子书店的结账功能。

任务 2：应用 MVC 设计模式，实现电子书店的登录功能。

第 8 章 “网上书店”的安全与部署

本章介绍了 Java Web 项目的安全与部署相关知识，重点讲解如何应用安全技术增强 Web 应用的安全性，如何配置一个安全的 Tomcat 服务器以及在 Web 应用成功开发完成后，怎样对 Web 应用进行部署。主要包括使用验证码实现用户登录的安全验证、在登录和注册中使用 MD5 加密、静态部署 Web 应用、动态部署 Web 应用等。

8.1 工作任务与技能目标

工作任务

（1）使用验证码实现用户的登录。
（2）在登录和注册中使用 MD5 加密。
（3）静态部署 Web 应用。
（4）动态部署 Web 应用。

技能目标

（1）了解 Web 应用系统的安全性。
（2）学会在用户的登录中使用验证码。
（3）学会在登录和注册中使用 MD5 加密。
（4）能够对 Web 系统进行静态及动态的部署。

8.2 网上书店系统的安全

任务一：使用验证码实现用户登录的安全验证

【任务描述】

在用户登录页面中增加一个“验证码”输入的安全验证选项。

【工作目标】

学会在用户的登录中使用验证码。

【任务分析】

随着 Internet 的发展和普及，人们通过网络可以方便地获取各种各样的信息和资源，这些信息和资源由分布在Internet中的各种Web服务器提供。Web服务器在提供大量资源的同时也经常会碰到客户机的恶意攻击，面对这些恶意攻击，如果服务器本身不能有效验证并拒绝这些非法操作或防范这些恶意的攻击，就会严重耗费其系统资源，降低网站性能甚至使程序崩溃。

1. 验证码原理

现在流行的判断访问Web程序是合法用户还是恶意操作的方法是采用“验证码”技术。“验证码”就是将一串随机产生的数字或符号生成一幅图片，图片里加上一些干扰像素（防止OCR），由用户肉眼识别其中的验证码信息，输入表单提交网站验证，验证成功后才能使用某项功能。这样就可以防止通过程序进行自动批量注册，对特定的注册用户用特定程序暴力破解方式进行不断的登录、灌水。因为验证码是一个混合了数字或符号的图片，人看起来都很费劲，机器识别就更加困难了。例如，百度贴吧未登录发帖要输入验证码，就是为了防止大规模匿名回帖的发生。验证码的验证原理及流程如图8-1所示。

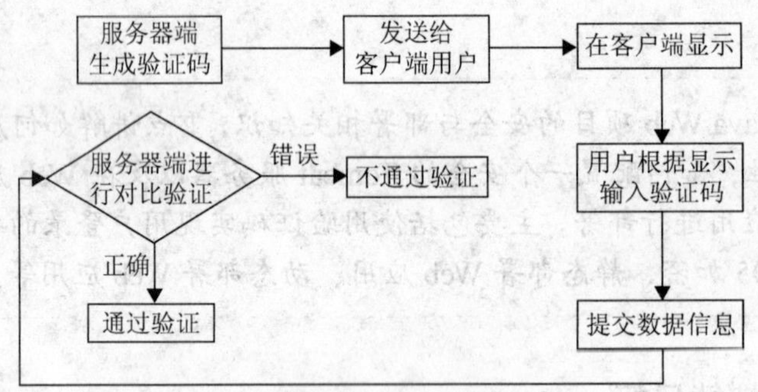

图8-1 验证码的验证原理及流程

2. 验证码种类

随着人们对网络安全的日益重视，验证码技术的发展越来越迅速。通常情况下，验证码有以下几种验证方式。

- 4位数字验证码

这种验证方式通常是一组随机的数字字符串，4位数字验证码是最原始的验证码，验证原理比较简单，验证作用不是很大，对网络黑客的安全防范作用也不是很强，因此在网站应用中也很少见。

- GIF格式验证码

目前常用的随机数字图片验证码。图片上的字符主要由文字和数字组成，字体没有太多的变化，验证作用比4位数字验证码要好一些。CSDN网站用户登录用的就是GIF格式的验证码。

- PNG格式验证码

这种验证方式验证码的图片用随机数字与随机大写英文字母组成，整个构图有点张扬，每刷新一次，每个字符还会变位置。有时候刷新出的图片，人眼很难识别。使用PNG格式验证码比使用GIF格式更安全，QQ网站用户登录用的就是PNG格式的验证码。

- BMP格式验证码

这种验证方式的验证码由随机数字、随机大写英文字母和随机干扰像素组成，BMP格式的验证码能够变换不同的随机位置，有时候还可以变换随机的字体。

- JPG格式的验证码

这种验证方式的验证码由随机英文字母、随机颜色、随机位置和随机长度组成。Google的Gmail注册时使用的就是JPG格式的验证码。

本任务中采用4位数字验证码的验证方式实现对用户登录的验证。

【关键步骤】

（1）编写使用验证码实现用户登录的 JSP 文件 login.jsp。

```
<%@ page contentType="text/html;charset=gb2312" %>
<html>
<head>
<title>网上书店系统登录</title>
</head>
<script>
<!--
    function check_admin(form)
    {
          if(form.user.value=="")
          {
               alert("请输入用户名!");
               form.user.focus();
               return false;
          }
          if(form.pass.value=="")
          {
               alert("请输入密码!");
               form.pass.focus();
               return false;
          }
          if (form.verify.value=="")
          {
               alert("请输入验证码!");
               form.verify.focus();
               return false;
           }
    }
-->
</script>
<body>
<center>
<form action="verify.jsp" method="post" onSubmit="return check_admin(this);">
<table width="400" border="1" bordercolor="#99CCFF" cellpadding="0" cellspacing="0"
style="border- collapse:collapse">
  <tr>
    <td height="40" colspan="2" align="center"><font color="red">网上书店系统登录</font>
</td>
    </tr>
  <tr>
    <td height="40" align="right">用户名:  </td>
    <td width="200" align="left" valign="middle"> <input type="text" name="user"
size="20" /></td>
  </tr>
  <tr>
    <td height="40" align="right">密码:  </td>
    <td height="40" align="left" valign="middle"> <input type="password" name=
"pass" size="21" /></td>
  </tr>
  <tr>
    <td height="40" align="right">系统验证码:  </td>
    <td> <img border=0 src="verifyCode.jsp"></td>
  </tr>
  <tr>
    <td height="40" align="right">输入验证码:  </td>
    <td> <input type=text name=verify maxlength=4 value="" ></td>
  </tr>
  <tr>
```

```
    <td height="40" colspan="2" align="center"><input type="submit" value=" 确定 " />
     <input type="reset" value=" 重置 " /></td>
  </tr>
</table>
</form>
</center>
</body>
</html>
```

（2）编写生成验证码程序的 JSP 文件 verifyCode.jsp。

```
<%@ page contentType="image/jpeg" import="java.awt.*,
java.awt.image.*,java.util.*,javax.imageio.*" %>
<%!
Color getRandColor(int fc,int bc){//给定范围获得随机颜色
        Random random = new Random();
        if(fc>255) fc=255;
        if(bc>255) bc=255;
        int r=fc+random.nextInt(bc-fc);
        int g=fc+random.nextInt(bc-fc);
        int b=fc+random.nextInt(bc-fc);
        return new Color(r,g,b);
        }
%>
<%
//设置页面不缓存
response.setHeader("Pragma","No-cache");
response.setHeader("Cache-Control","no-cache");
response.setDateHeader("Expires", 0);
// 在内存中创建图像
int width=60, height=20;
BufferedImage image = new BufferedImage(width, height, BufferedImage.TYPE_INT_RGB);
// 获取图形上下文
Graphics g = image.getGraphics();
//生成随机类
Random random = new Random();
// 设定背景色
g.setColor(getRandColor(200,250));
g.fillRect(0, 0, width, height);
//设定字体
g.setFont(new Font("Times New Roman",Font.PLAIN,18));
//画边框
//g.setColor(new Color());
//g.drawRect(0,0,width-1,height-1);
// 随机产生 155 条干扰线，使图像中的认证码不易被其他程序探测到
g.setColor(getRandColor(160,200));
for (int i=0;i<155;i++)
{
    int x = random.nextInt(width);
    int y = random.nextInt(height);
   int xl = random.nextInt(12);
   int yl = random.nextInt(12);
    g.drawLine(x,y,x+xl,y+yl);
}
// 取随机产生的认证码(4 位数字)
String sRand="";
for (int i=0;i<4;i++){
    String rand=String.valueOf(random.nextInt(10));
    sRand+=rand;
    // 将认证码显示到图像中
    g.setColor(new
Color(20+random.nextInt(110),40+random.nextInt(110),60+random.nextInt(110)));
```

```
        //调用函数出来的颜色相同，可能是因为种子太接近，所以只能直接生成
      g.drawString(rand,13*i+6,16);
    }
    // 将认证码存入 Session
    session.setAttribute("rand",sRand);
    // 图像生效
    g.dispose();
    // 输出图像到页面
    ImageIO.write(image, "JPEG", response.getOutputStream());
    %>
```

（3）编写验证用户名、密码和验证码的 JSP 文件 verify.jsp。

```
    <%@ page contentType="text/html; charset=gb2312" language="java" import="java.sql.*"
errorPage="" %>
    <html>
    <head>
    <title>登录验证页面</title>
    </head>
    <body>
    <%
     String rand = (String)session.getAttribute("rand");
     String input = request.getParameter("verify");
     String strUser=request.getParameter("user");
     String strPass=request.getParameter("pass");
     if (strUser.equals("admin") && strPass.equals("admin"))
         out.println("<h3>用户名和密码正确!</h3>");
     else
         out.println("<h3>用户名或密码错误!</h3>");
     if (rand.equals(input))
         out.println("<h3>验证码输入正确!</h3>");
     else
         out.println("<h3>验证码输入错误!</h3>");
    %>
    </body>
    </html>
```

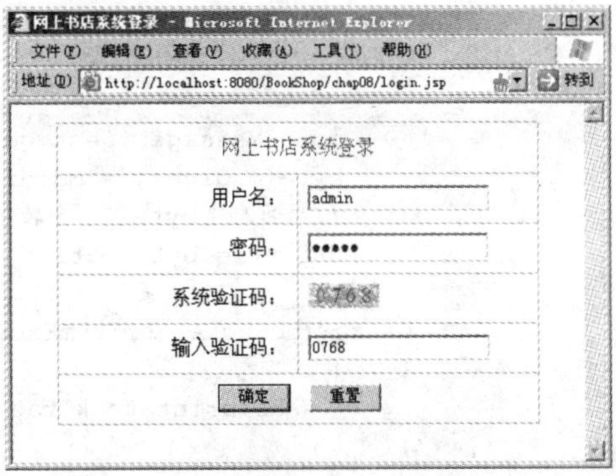

（4）启动 Tomcat 服务器后，在 IE 地址栏中输入“http://localhost:8080/BookShop/Chap08/login.jsp”。LoginV.jsp 页面运行效果如图 8-2 所示，用户在填写完用户名、用户密码、验证码后，可以通过单击“确定”按钮登录系统，然后由 verify.jsp 负责登录处理。用户也可以单击“重置”按钮，清空所填写的内容。

图 8-2　管理员登录页面

如果用户输入的用户名和密码与指定的一致，则显示“用户名和密码正确”信息；如果用户输入的验证码与 verifycode.jsp 页面生成的验证码一致，则显示“验证码输入正确”信息，如图 8-3 所示。

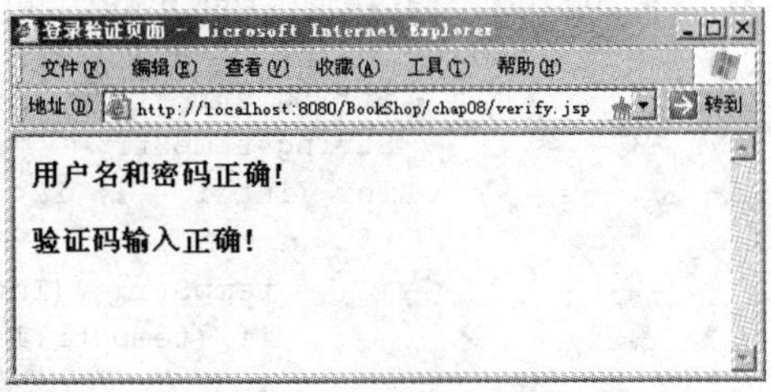

图 8-3　登录验证页面

任务二：在登录和注册中使用 MD5 加密

【任务描述】

学习在登录和注册中使用 MD5 加密技术增强系统的安全性。

【工作目标】

了解 MD5 加密算法，实现 MD5 加密的 JavaBean 编写，学会 MD5 加密在用户登录和注册中的应用。

【任务分析】

MD5 的全称是 Message-Digest Algorithm 5，在 20 世纪 90 年代初由 MIT 的计算机科学实验室和 RSA Data Security Inc 发明，经 MD2、MD3 和 MD4 发展而来。Message-Digest 泛指字节串（Message）的 Hash 变换，就是把一个任意长度的字节串变换成一定长的大整数。这里指的是“字节串”而不是“字符串”，是因为这种变换只与字节的值有关，与字符集或编码方式无关。

MD5 是将任意长度的“字节串”变换成一个 128bit 的大整数，并且是一个不可逆的字符串变换算法。换句话说，即使看到源程序和算法描述，也无法将一个 MD5 的值变换回原始的字符串，从数学原理上说，是因为原始的字符串有无穷多个。

【关键步骤】

（1）编写进行 MD5 加密功能的 JavaBean。

网上关于 MD5 算法的例子很多，读者可以自行到网上下载。这里介绍一种使用 java.security 包中提供的 MD5 加密函数的例子 MD5Tool.java。

```
package mybean;
import java.security.*;
public class MD5Tool
{
//该方法将输入的字符串通过MD5 加密，返回一个加密后的字符串
    public static String MD5Encrypt(String strIn)
    {
        MessageDigest md = null;
        String strOut = null;
        try
        {
          md = MessageDigest.getInstance("MD5"); //可以选中其他的算法，如 SHA
          byte[] digest = md.digest(strIn.getBytes());
          //返回的是 byte[]，要转化为 String 存储比较方便
          strOut = bytetoString(digest);
        }
        catch (NoSuchAlgorithmException nsae)
        {
            nsae.printStackTrace();
        }
        return strOut;
    }
    public static String bytetoString(byte[] digest)
    {
            String str = "";
            String tempStr = "";
            for (int i = 1; i < digest.length; i++)
            {
                tempStr = (Integer.toHexString(digest[i] & 0xff));
                if (tempStr.length() == 1)
                {
                    str = str + "0" + tempStr;
                }
                else
                {
                    str = str + tempStr;
                }
            }
```

```
            return str.toLowerCase();
        }
        public static void main(String []args)
        {
              String test="yyl";
              //创建一个 MD5 Tool 类
              MD5Tool myMd5 =new MD5Tool();
              String result=myMd5.MD5Encrypt(test);
              System.out.println (test+" 加密后的结果是:"+result);
        }
    }
```

（2）将网上下载的 JavaBean 或 MD5 Tool.java 编译后部署到 Web 程序文件夹中。

（3）使用 MD5 加密功能。

- 用户注册时，将用户密码通过 MD5 加密（调用 MD5 加密 bean 中的对应方法）保存到数据库中。
- 用户登录时，将用户登录时输入的密码经过 MD5 加密，再与数据库中读取的密码（已经过 MD5 加密）进行比较，参考代码如下。

```
<%@ page language="java"%>
<jsp:useBean id="md5" scope="request" class="mybean.MD5"/>
<%@ page import="java.util.*" %>
<%@ page import="java.sql.*" %>
<html>
<body>
<%
 String userid=request.getParameter("UserID" ) ;
 String password=request.getParameter("Password" ) ;
 String pwdmd5=MD5.getMD5ofStr(password);
PrintWriter rp=response.getWriter();
Class.forName("sun.jdbc.odbc.JdbcOdbcDriver");
Connection
con=DriverManager.getConnection("jdbc :odbc :ShopStore", "sa", "admin123") ;
Statement stmt=stmt.executeQuery("select * from userinfo where name=' "+userid+"' and
pass=' "+pwdmd5+"'");
if (rs.next())
{
  rp.print("登录成功! ");
}
 else
 {
   rp.print("登录失败! ");
}
 stmt.close();
 con.close();
%>
</body>
</html>
```

- 也可以在 JSP 程序中表单提交时对敏感信息进行加密后传递到其他页面，保证信息在传递过程中即使被截取，也不容易被破译。

8.3 部署网上书店系统

任务三：静态部署 Web 应用

【任务描述】

Web应用开发完成之后,为了能够更好地交付给客户,需要对 Web 应用进行部署。基于 Tomcat 服务器的 Web 应用部署包括静态部署和动态部署两种方式。

【工作目标】

学会对已开发完成的网上书店 Web 系统进行静态部署。

【任务分析】

静态部署指的是在服务器启动之前部署好程序，只有当服务器启动之后，所部署的 Web 应用程序才能被访问。

【关键步骤】

1. 直接放到 webapps 文件夹下

Tomcat 的 webapps 文件夹是 Tomcat 默认的应用文件夹，当服务器启动时，就会加载这个文件夹下的所有应用。也可以将 JSP 程序打包成一个 war 包放在该文件夹下，服务器会自动解开这个 war 包，并在这个文件夹下生成一个同名的文件夹。War 包就是一个具有特定格式的 jar 包，是将一个 Web 程序的所有内容进行压缩得到的。具体如何打包，可以使用许多开发工具的 IDE 环境，如 Eclipse、NetBeans、Ant、JBuilder 等。

2. 用命令方式进行打包

除了使用各种开发工具的 IDE 环境外，也可以在命令提示符状态（选择“开始”→“运行”命令后，输入“cmd”命令）输入以下命令进行打包：

```
Jar -cvf applicationname.war package.*
```

任务四：动态部署 Web 应用

【任务描述】

Web应用开发完成之后,为了能够更好地交付给客户,需要对 Web 应用进行部署。基于 Tomcat 服务器的 Web 应用部署包括静态部署和动态部署两种方式。

【工作目标】

学会对已开发完成的网上书店 Web 系统进行动态部署。

【任务分析】

动态部署是指可以在服务器启动之后部署 Web 应用程序，而不用重新启动服务器。动态部署要用到服务器提供的 manager.war 文件，如果在$CATALINA_HOME\webapps\下没有该文件，则必须要重新下载 Tomcat，否则不能完成动态部署的功能。

【关键步骤】

（1）在 C 盘根目录下新建 Web 应用 test（可以将已有 Web 应用复制）。

（2）进入 Tomcat Manager 界面。

在 IE 浏览器中输入“http://localhost:8080/”，单击左边的“Tomcat Manager”链接，提示输入用户名和密码（这里为安装时设置的 admin 和 admin），如图 8-4 和图 8-5 所示。

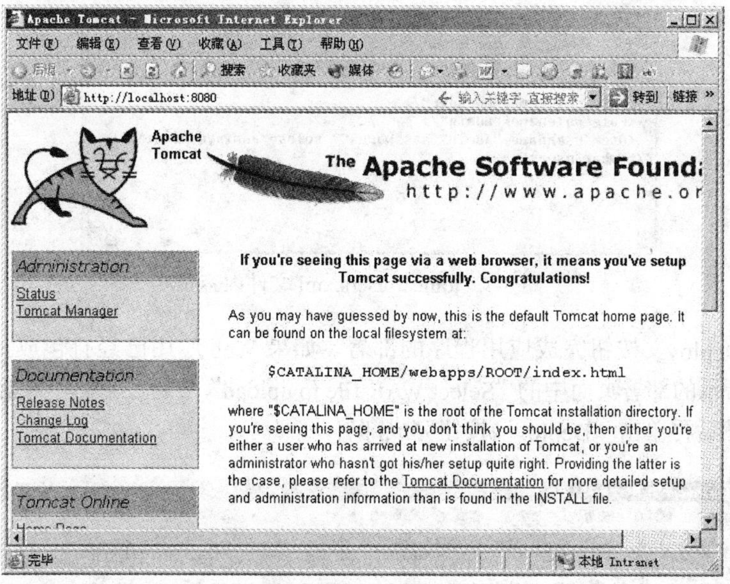

图 8-4 Tomcat 服务器

登录成功后，进入“manager”页面，如图 8-6 所示。

如果没有管理员的账号和密码，可以通过编辑 conf\tomcat-users.xml 文件得到，tomcat- users.xml 文件内容如图 8-7 所示。

（3）部署新的 Web 应用。

- 在如图 8-8 所示的管理页面中，定位到“Deploy”。在“Context Path”中输入“/store”，在“XML Configuration file URL”中指定一个.xml 文件，如 c:\store.xml，其内容为：<Context reloadable=”false”/>。在“WAR or Directory URL”中输入“c:\store”或者“c:\store.war”，如图 8-8 所示。

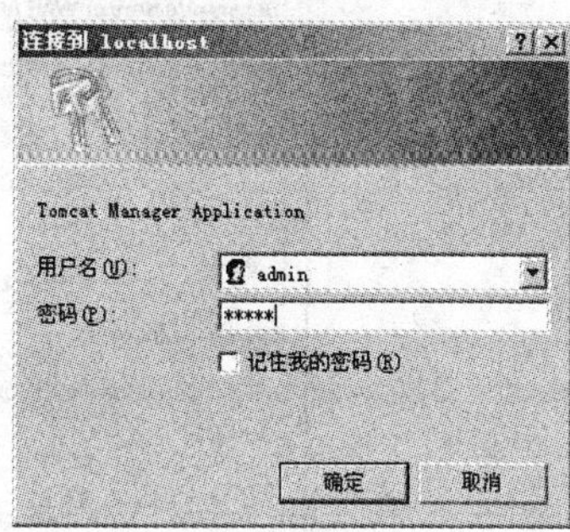

图 8-5 Tomcat 登录界面

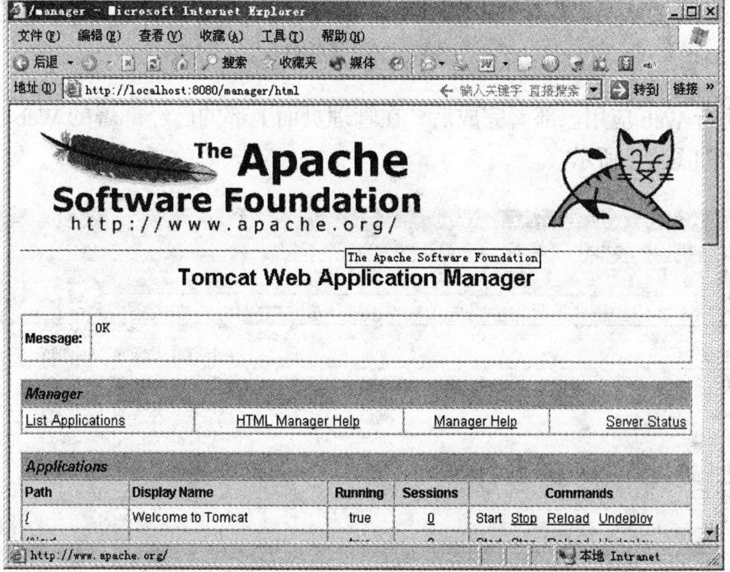

图 8-6 Tomcat 的 manager 页面

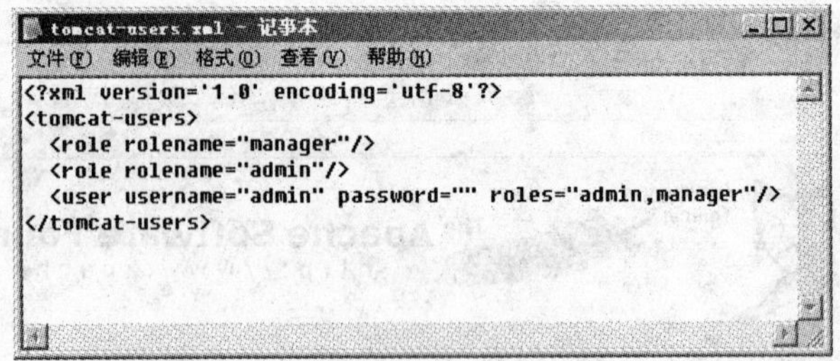

```
<?xml version='1.0' encoding='utf-8'?>
<tomcat-users>
  <role rolename="manager"/>
  <role rolename="admin"/>
  <user username="admin" password="" roles="admin,manager"/>
</tomcat-users>
```

图 8-7 tomcat-users.xml 文件内容

- 单击“Deploy”按钮完成应用程序的部署。如果 Web 应用已经打包成.war 文件，则在图 8-8 所示的部署页面中的“Select WAR file to upload”中通过单击“浏览”按钮选择.war 文件，然后再单击“Deploy”按钮完成部署。

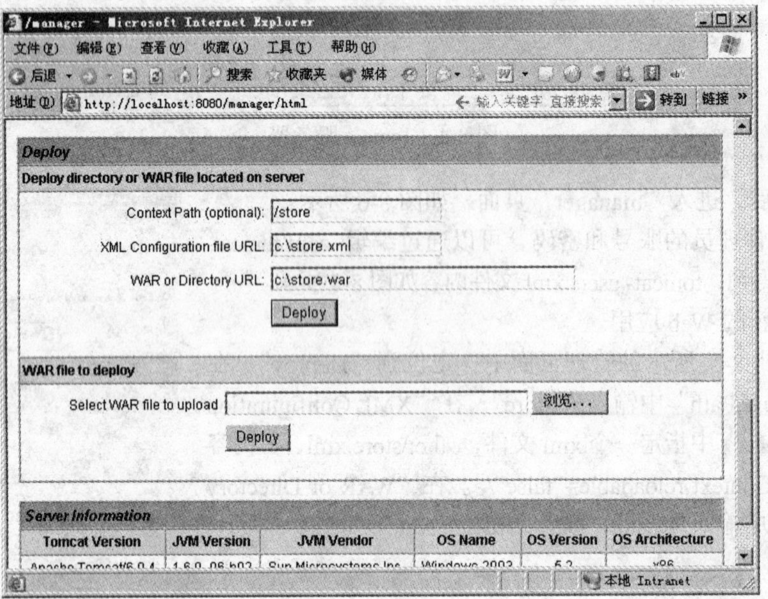

图 8-8 部署项目

- 查看并运行 Web 应用。部署完成后，在管理页面上部的已经部署的 Web 应用程序中可以查看到，如图 8-9 所示。

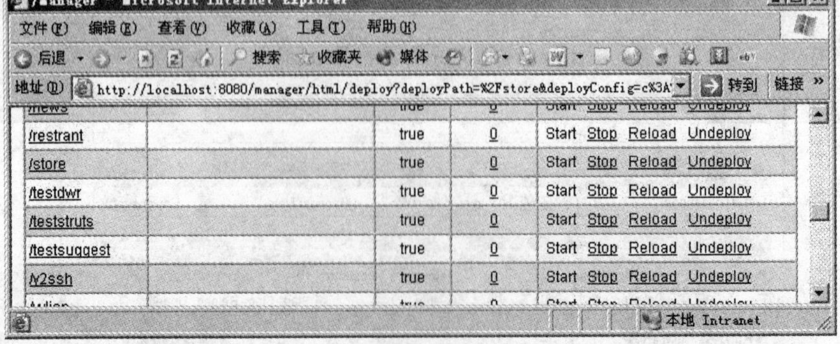

图 8-9 查看部署成功的项目

8.4 本章小结

技能回顾

本章重点讲解如何应用安全技术增强 Web 应用的安全性，如何配置一个安全的 Tomcat 服务器以及在 Web 应用成功开发完成后，怎样对 Web 应用进行部署。本章的学习要点包括使用验证码技术增强安全性、使用 MD5 加密技术、配置健壮的 Tomcat 服务器、部署 Web 应用。具体内容如下。

- 使用验证码技术。
- 使用 MD5 加密。
- Tomcat 服务器安全配置。
- 静态部署 Web 应用。
- 动态部署 Web 应用。

知识拓展

在基于 Tomcat 的 Web 应用中，为了进一步增强 Web 应用的安全性，可以对 Tomcat 服务器进行各种安全配置，进一步提高 Web 服务器的安全性。

1. 禁止列出站点文件文件夹

在 Tomcat 服务器访问站点资源时，在 IE 地址栏中输入的不是页面文件，而是某个 Web 应用的文件夹名称时（如 http://localhost:8080/store），如果服务器配置不当，站点文件目录会被显示出来。这样就会暴露系统结构，形成很大的安全隐患。

要消除这种隐患，可以通过以下两个步骤来进行配置。

（1）配置 Tomcat 的 conf/web.xml 文件，搜索到其中的“listings”元素，将其值改变为“false”，如下代码所示，可以避免显示站点文件目录。

```
<servlet>
    <servlet-name>default</servlet-name>
        <servlet-class>org.apache.catalina.servlets.DefaultServlet</servlet-class>
     <init-param>
          <param-name>debug</param-name>
          <param-value>0</param-value>
      </init-param>
      <init-param>
          <param-name>listings</param-name>
          <param-value>false</param-value>
      </init-param>
        <load-on-startup>1</load-on-startup>
</servlet>
```

（2）为了防止用户访问 Web 网站地址失误造成系统结构的泄露，还可以通过修改 web.xml 文件为 Web 应用指定默认页面。web.xml 的修改如下代码所示。一般的默认页面为 index.html、index.htm、index.jsp、default.htm 等，其优先顺序为配置文件中出现的先后顺序。

```
<welcome-file-list>
   <welcome-file>index.html</welcome-file>
<welcome-file>index.htm</welcome-file>
<welcome-file>index.jsp</welcome-file>
</welcome-file-list>
```

2. 改变站点发布的端口号

有时出于安全或端口冲突等考虑，需要对 Tomcat 下的 Web 应用启动端口进行修改，可以通过配置 Tomcat 的 con\server.xml 文件来完成。查找 server.xml 中的“Connector”，将“port”属性后面的“8080”修改为指定的端口号即可。server.xml 的配置如下。

```
<Connector port="8080" protocol="HTTP/1.1"
           maxThreads="150" connectionTimeout="20000"
           redirectPort="8443" />
```

8.5 实战练习

实战任务

任务 1：改进网上书店系统的前台登录程序，添加彩色验证码以增强系统安全性。

任务 2：改进网上书店系统的用户注册程序和用户登录程序，注册时对密码进行 MD5 加密，登录时对用户输入的密码进行 MD5 验证。

任务 3：完善网上书店系统的各项功能，对 Tomcat 服务器进行安全配置后，分别使用静态部署和动态部署的方法完成对系统的部署。

参 考 文 献

[1] 刘志成. JSP 程序设计实例教程[M]. 北京：人民邮电出版社，2009.

[2] 北京阿博泰克北大青鸟信息技术有限公司. 开发基于 JSP/Servlet/JavaBean 的网上交易系统[M]. 北京：科学技术文献出版社，2008.

[3] 北京阿博泰克北大青鸟信息技术有限公司. Java Web 应用开发[M]. 北京：科学技术文献出版社，2006.